趣味魔术与数学故事

〔俄〕雅科夫·伊西达洛维奇·别莱利曼 著

李薇薇 译

四川大學出版社
SICHUAN UNIVERSITY PRESS

图书在版编目（CIP）数据

趣味魔术与数学故事 /（俄罗斯）雅科夫·伊西达洛维奇·别莱利曼著 ; 李薇薇译. — 成都 : 四川大学出版社, 2024.1

ISBN 978-7-5690-5290-9

Ⅰ. ①趣… Ⅱ. ①雅… ②李… Ⅲ. ①数学—普及读物 Ⅳ. ① O1-49

中国版本图书馆 CIP 数据核字（2021）第 277764 号

书　　名：趣味魔术与数学故事
　　　　　Quwei Moshu yu Shuxue Gushi
著　　者：〔俄〕雅科夫·伊西达洛维奇·别莱利曼
译　　者：李薇薇

选题策划：王小碧　宋彦博
责任编辑：庄　溢
责任校对：刘柳序
装帧设计：牧田文化
责任印制：王　炜

出版发行：四川大学出版社有限责任公司
　　　　　地址：成都市一环路南一段 24 号（610065）
　　　　　电话：（028）85408311（发行部）、85400276（总编室）
　　　　　电子邮箱：scupress@vip.163.com
　　　　　网址：https://press.scu.edu.cn
印前制作：北京牧田文化传播有限公司
印刷装订：北京长宁印刷有限公司

成品尺寸：170mm×240mm
印　　张：12
字　　数：189 千字

版　　次：2024 年 6 月 第 1 版
印　　次：2024 年 6 月 第 1 次印刷
印　　数：1-10030 册
定　　价：48.00 元

扫码获取数字资源

四川大学出版社微信公众号

目 录

第 1 章　魔术奇迹

1. 一张广告海报

我从未向任何人提及本书中所讲述的故事。当时我只是 12 岁的中学生，我曾经向一个与我同样年纪的男孩起誓，一定会保守这个秘密。多年以来，我一直遵守着这一誓言。那么，我现在为什么又要公开这个秘密呢？答案会在之后揭晓。现在，就让我从头讲起吧。

说到“头”，我脑海中便浮现出一幅巨大的彩色海报。

那时我正匆匆忙忙往家赶，心中想着那本还未读完的儒勒·凡尔纳的《地心游记》[①]。走着走着，一幅红绿相间的巨大海报突然出现在我的眼前，上面记录着一些不同寻常的事。

① 《地心游记》是法国作家儒勒·凡尔纳所著的长篇科幻小说。该书讲述了一位坚定果敢、具有献身精神的科学探险家——黎登布洛克教授，同他的侄儿阿克赛和向导汉恩斯按照前人的指引，在地底经过整整三个月的艰辛跋涉进行科学探险的故事。

海报的具体内容如下：

世纪奇迹

12 岁神奇的男孩菲利克斯

Ⅰ记忆力超群！

菲利克斯能一口气背出观众说出的 100 个单词，并能根据观众要求以任何顺序将这些单词重复出来，甚至还能说出每个单词的序号。

演出在首都和外省都取得了巨大成功！

Ⅱ能猜透你的心思！

被蒙上眼睛的菲利克斯也能猜出你所想的物品、你衣兜和钱包里藏的东西。

将由观众推选出的专门委员会监督本次演出！

绝对真实！拒绝欺骗！

世纪奇迹！

“简直是胡扯！”一个声音从我身后传来，听起来非常自信。

我转身看去，我的一位同班同学正站在我的身后看着海报。他是一个大个子留级生，在他口中，我们所有人都是“小朋友”。

“这就是骗人，胡扯！”傻大个又说道，“纯粹是花钱雇人来戏弄你自己。”

“并不是每个人都会上当的。”我对他说，“够聪明的话就不会被戏弄。”

“我看你就会上当。”傻大个断言道。他似乎对我所说的聪明人是谁并不感兴趣。

那种轻蔑的口气真是令人生气，我被他惹怒了，决定必须去看看这场演出。我提醒自己随时保持警惕，一定不能大意。就算真的有人受骗，那也绝对不包括我。没错，够聪明的话就不会被戏弄。

2. 非凡的记忆力

因为我并没有什么钱，所以很少去城市剧院，即使到剧院也选不到什么好位置。所以那天我也只能坐在远离舞台的角落。虽然我的视力还不错，能够看清舞台，却还是有些看不清那位传说中的神奇男孩的脸。不知为何，我总觉得自己在哪里见过这个男孩子——但我知道，当时我并不可能认识菲利克斯。

和这位男孩子一同上台的还有一位中年男士。他们同观众打过招呼后，便开始准备名为《记忆术》的演出了。在细致精心的准备工作完成之后，那位中年男士（我在心里称呼他为魔术师）蒙上了男孩子的眼睛，并让他坐在舞台中心一把背对着观众的椅子上。

为了证明演出的真实性，他们请了几位观众上台观看并作证。

接着，魔术师走下舞台，在后面几排的座位间穿行着。他拿着一个文件夹，从里面掏出一张写有“1”到“100”的纸，让观众在上面写下自己心里所想的单词——写什么都可以。

“请大家记住自己所写单词对应的序号，一会儿菲利克斯将会说出它们。”魔术师说道。

“小伙子，你能写几个吗？”魔术师问我。

这意料之外的邀请令我十分激动，但我一时却又不知该写些什么。

这时，我旁边的女孩催促道：“快点写啊，别磨磨蹭蹭的！你还没想好吗？那就写铅笔刀、雨、火灾吧。”

我有些窘迫，在序号 68、69、70 后匆忙写下了她说的这三个单词。

“请大家记好自己的单词序号！”魔术师一边说着，一边走向远处的座位，继续邀请别人在纸上写下新的单词。

“100 个！好了，谢谢您！”终于，魔术师大声宣布，“现在，请大家都注意了！我将朗读这张纸上的全部单词，菲利克斯会牢牢记住从第一个到第一百个，还能以任意顺序将这些单词背出来，从头到尾也好，从尾到头也好，中间隔一个、三个或五个也好，当然，根据大家的要求说出任何一个序号的单词也都没问题。那么，开始吧！”

“镜子，手枪，天平，捡到的物品，灯泡，车票，车夫，望远镜，楼梯，肥皂……”魔术师一个接着一个地读完了这些单词，没有做什么评论。

朗读这一百个单词并没有花很长时间，可是我却觉得这单词表似乎长得看不见头。我很难相信这里居然只有一百个单词，要想把它们全部记住简直是天方夜谭。

“胸针，别墅，糖果，窗户，香烟，雪花，链子，铅笔刀，雨……”魔术师机械地朗读着单词，自然也没有漏过我所写的那几个。

那位神奇男孩仿佛已经睡着了一般，静静地坐在椅子上，一动不动。他真的可以不出纰漏地复述出刚才读过的所有单词吗？

“椅子，剪刀，吊灯，邻居，星星，幕布，橙子。结束！”魔术师宣布道，“现在，就请观众朋友们选几位监督委员吧！我将把这张单词表交给他们，让他们去检查并向观众们宣布菲利克斯的答案是否正确。”

最终，有三位观众成了监督委员，其中有一位还是我们学校高年级的学长——一位认真谨慎的矮个子男生。

“监督专业委员会”的成员们拿到单词表之后就站在了大厅前方的几把椅子上，这时魔术师再次高声宣布道：“请大家注意了！接下来，菲利克斯就将从第一个单词开始，一直背到第一百个。请各位监督委员仔细对照单词表检查。”

大厅中安静了下来，菲利克斯的声音从舞台上传来，在寂静的空气中显得格外洪亮。

“镜子，手枪，天平，捡到的物品，灯泡……”

菲利克斯不紧不慢、完全没有停顿地背出了所有的单词，他的声音非常自信，就像是在对着书本朗读一样。我震惊地看着这位坐在远处椅子上的男孩子的背影，又看看站在大厅前方椅子上的三位监督委员。每当男孩说出一个单词，我都非常希望能够听到一声“错了”。可是，监督委员们只是用专注的目光盯着单词表而已，什么都没有说。

菲利克斯继续背诵，当然也包括我写的那三个（由于我并没有想到要从头到尾去验证所有单词的顺序，所以并没有去数那三个单词的序号是否分别是 68、69 和 70）。男孩一直流畅地背着单词，直到最后一个“橙子”。

“完全正确。没有一个出错！”一位看起来像是炮兵的监督委员向大家宣布道。

“大家想让菲利克斯将单词表倒着背出来吗？或者中间隔上三五个？再或者从某个指定单词背到另一个指定单词？”

一时间，观众中传来许多混杂的声音：“中间隔 7 个！”“所有偶数！”“每隔 3 个，隔 3 个！”“倒着从中间背到开头！”“从第 37 个背到最后！”“所有奇数！”“6 的倍数！”

“请大家不要同时说话，这样我完全听不清楚。”魔术师向大家恳求道，试图平息这嘈杂的声音。

“请从第 73 个倒推回第 48 个！”我前排的水兵大声喊道。

“好的。注意……注意了！菲利克斯，请你从第 73 个倒着背到第 48 个吧。也请监督委员们继续检查答案。”

菲利克斯立刻就开始按照水兵所要求的顺序背起了单词，他精准地背出了全部单词，从第 73 个倒到第 48 个。

“接下来，大家想不想让菲利克斯说出任意一个单词所对应的序号呢？”魔术师问道。

我鼓起勇气，涨红了脸大声喊道：“铅笔刀！”

“第 68 个！”菲利克斯马上就答了上来。

完全正确！

大厅的各个角落传来各种提问，而菲利克斯无一例外地给出了准确的答案：“雨伞，第 83 个……糖果，第 56 个……手套，第 47 个……手表，第 34 个……书，第 22 个……雪花，第 59 个……”

接下来，上半场的表演就告一段落了。当魔术师宣布这个消息时，大厅里响起了经久不息的掌声，观众们都呼喊着菲利克斯的名字。这个神奇的男孩走到舞台前，朝着各个方向的观众微笑，然后便退到了后台。

3. 腹语[①]表演

有人拍了一下我的肩膀，我转头一看，站在我旁边的原来是三天前在那张海报前偶遇的同班同学。

“嗨，怎么样？小朋友，确实被骗了吧？”

“你没有被骗吗？”我生气地反驳道。

① “腹语”一词容易让人误以为是腹部发音，实际上不是，是说经过一定的专业训练之后，将气息在腹腔调和，打在声带的特殊部位，声带被动震动，形成的一种特殊的发音技巧。简单说“腹语”就是唇齿不动，用舌头来讲话。

“我吗？哈哈哈！我之前就知道会这样的。”

“你知道得还真多。但还不是照样被骗了？”

“我才没有被骗。我对这些小把戏了如指掌。”

“你知道什么呀？其实根本什么都不知道吧。”

“我知道所有的秘密哦。这是腹语！”他神秘兮兮地说了一个我听不懂的单词。

“腹语？”

“那位叔叔是一位腹语表演者，也就是说，他会用肚子讲话。他先大声提问，再用肚子回答问题。这样观众就会以为是菲利克斯在回答问题。那个男孩子根本什么都没有说——你知道吗，其实他就坐在那把椅子上打瞌睡呢。事实就是这样，小朋友！这些小伎俩是逃不过我的眼睛的！”

“先等一下，用肚子要怎么说话？”我充满疑问，可他已经转过身去了，并没有听到我的问题。

我来到隔壁的一个大厅，许多观众趁着休息时间在这里闲逛。其中有一群人正围着刚才那三位监督委员。他们正在热烈地讨论着什么事情，于是我停下脚步侧耳倾听。

“首先要说明的是，腹语表演并不是许多人想象中的那样，表演者真的在用肚子说话。”那位像炮兵的监督委员对聚集在周围的人们解释道，“只是在某些时候，他们发出的声音听起来像是从身体内部发出来似的。但事实上，这些表演者跟我们一样，都是在用嘴和舌头说话——只是不用嘴唇说话罢了。这里的技巧在于，他们说话的时候嘴唇纹丝不动，脸上的肌肉也不动。如果是一位腹语表演者在说话，我们可以观察一下——我们完全看不出他在说话。就算是把一根点燃的蜡烛放在他唇边，火苗也不会跳动——他的呼吸就是如此轻微。而由于他很长时间都不会改变说话的声音，所以我们就会认为声音似乎是从别的地方发出来的——比如提线木偶口中或者其他类似的地方。这就是腹语表演的秘密。”

“不只如此。”围观人群中一位老人插嘴道，“腹语表演者还会用一些小诡计将观众们的注意力巧妙地引去别的地方，让他们以为声音仿佛来自别的地方，这样就把真正的说话者藏了起来……也许，古时候巫师们所用的语言和腹语表演者们所用的伎俩从原理上来讲也差不多吧。”

“所以你的意思是，刚刚这位魔术师也是一位腹语表演者吗？如果是这样的话，这场表演也就可以解释得通了。”

“恰恰相反，我想表达的其实是这场表演中并没有什么腹语。我只是恰巧提到这个而已，因为许多观众都觉得他是在用腹语表演。所以我想澄清一下，这种猜测根本不合理。”

“为什么这么说？你怎么能如此肯定不是腹语表演呢？”大家异口同声地问道。

“要解释这个其实很简单。因为单词表在我们手里啊——菲利克斯背单词的时候，魔术师可看不到这张单词表。就算这位魔术师真的是腹语表演者，他要如何背下来所有的单词？就算那个小男孩真的是一个不说话的木偶、一个起不了任何作用的道具，那魔术师也需要相当厉害的记忆力啊！所以根本不能用腹语来解释这场演出，那样只会与真相背道而驰。如果真的是那种情况，我们又会发现，这位魔术师是不是在表演腹语已经不重要了。”

“可是这样的话，又该怎样解释这场表演中发生的一切呢？难道真的是奇迹？”

“这当然不可能是什么奇迹。可是我不得不说，我也是一筹莫展，我想不出该如何解释这场表演……”

就在这时，下半场演出的铃声响了起来。大家又纷纷回到自己的座位。

4. 意外的节目

中场休息后，魔术师开始了一些令人难以捉摸的准备工作。

他在舞台的中央搬上来一个支架——一个由底座和垂直插在底座上的木棍组合而成的支架，而直立的木棍大约有一人高。接着，他又把一把椅子放在木棍旁边，并让菲利克斯站在椅子上，然后让男孩把右臂放到木棍顶端，随即又拿出另一根木棍，托住了男孩的左臂。

魔术师做完这些让人费解的准备工作后，又开始在男孩的脸旁做一些奇怪的动作，看起来像是在用手抚摸男孩的脸，却并没有真的碰触到。

“他这是要哄那男孩子睡觉。”坐在我身后的一位观众说道。

“他是在施催眠术！”我左边的女观众纠正道。

魔术师好像真的用这些动作让菲利克斯睡着了：他紧紧闭着眼睛，一动也不动。

接下来的一幕让人感到匪夷所思却又非常有趣。魔术师轻轻抽出男孩子脚下的椅子，格外小心翼翼，而男孩就这样悬在空中，他的胳膊还靠在两根木棍上。然而魔术师紧接着又将男孩左臂下的木棍移开了——于是，菲利克斯只剩一只胳膊靠在木棍上了，但他还是没有任何反应，安静地悬在空中。这实在是太不可思议了！

“就是催眠术！”我左边的女观众继续解释道，“然后这个男孩子就会听任他摆布了。”

事实就像她说的那样，魔术师将菲利克斯的身体轻轻拨动了一下，他和木棍之间便形成了一个夹角——他的身体仿佛不会受到重力影响一样，就这么保持着倾斜的姿势。而魔术师又接着转动他的身体——这下，男孩的身体竟然奇迹般地打横悬在半空中，仅仅靠一只胳膊撑在木棍顶端。

“这个节目在宣传海报上可没有提到啊。”我右边的男士说道。

“什么？”我问道。

“宣传海报上并没有写这个节目。”

“宣传海报上没有这个节目，那他现在是在做什么？我还真是看不懂。”

“我是说，宣传海报上没有提到这个节目。既然没有提到，那这就是额外的节目了。”

“不管怎样，这男孩到底是靠什么支撑的呢？”

“这我可不知道了。可能是用什么东西悬挂起来的……我们坐在这个位置实在看不清楚是用什么方法支撑的。”

“我都说啦，这就是催眠术！”我左边的那位女观众又插嘴道，“现在这个小男孩能任由他摆布啦。”

“你别胡说啦！”我右边的男士反驳道，“就算他真的是被催眠了也没办法自己悬空啊。这一定是用了什么魔术用的细线或者透明绳子之类的东西，没什么复杂的。”

但是，菲利克斯确实就这样悬空着，并没有什么东西支撑着他。为了证明他身上也没有使用什么透明的绳子或者带子，魔术师还特意用手在他身体的上方来回晃动了几下，然后又用相同的动作在他身体下方也比画了几下。看来男孩身体的下面也没有什么隐形的支撑物。

“你们看看，看看吧！我就说嘛……这就是催眠术而已。”我左边的女观众得意地说。

“我还是觉得这不是什么催眠术。”右边的那位男士苦恼地说，“这应该是魔术，不可能是别的。魔术师的鬼把戏可多了！”

舞台上的菲利克斯还是安静地平躺在半空中，就像是躺在一张透明的床上。

这时，魔术师蒙上了他的眼睛，走到舞台前方向大家宣布下半场的表演即将正式开始。

5. 心灵感应术

“接下来为大家表演的节目是……”魔术师说道，“蒙着双眼而且悬空的菲利克斯将猜出你们的口袋或者钱包里放着的东西。那么就请欣赏心灵感应表演！”

这场表演实在是令人叹为观止，就像是魔法一样不可思议。我已经完全看不懂了，只能坐在座位上聚精会神地盯着舞台。

我尽我所能地描述一下当时的情景吧，但恐怕实在无法完全重现那神奇的场面。

那位魔术师走到大厅中，穿行在观众席间。他走到某位观众面前，请这位观众从口袋中随便拿出一样东西。于是，这位观众掏出了一个烟盒。

“注意！菲利克斯，你能不能说一下，现在我身旁的这位观众是什么人？”

“军人。”舞台上传来菲利克斯的声音。

“正确！那么他给我看的是一个什么样的东西？”

“是一个烟盒。”

其实就算菲利克斯的眼睛没有被蒙上，他也无法看清那位军人拿出的是烟盒，因为军人坐在离舞台很远的地方，而且大厅里的灯光非常昏暗。

“正确！”魔术师接着问道，“那你猜猜看，这会儿他又给我看了什么东西呢？”

“火柴。”

“很好！现在呢？”

“是眼镜。”

菲利克斯的回答全都正确！

魔术师从这位军人的身边离开，他步履轻快地穿过观众席，又停在一位中学生的身旁。

“请问，菲利克斯，我又走到了谁的身边？”他再次发问。

“一位小姑娘。”

“很好！那么你能不能告诉我，我从她的手里拿到了什么东西？”

“梳子。”

“非常棒！那现在呢？”

“手套。”

答案同样非常完美。

“此刻给我出示物品的又是一位什么样的人呢？”魔术师静静地走到另外一个座位旁问道。

“是一位文官！”

“真是聪明！他现在给我出示的是什么东西？”

“是钱包。”

这显然不是什么腹语。有这么多人坐在魔术师的周围，所有人的眼睛都严密地盯着他的一举一动。毋庸置疑，说话的人是菲利克斯而非旁人。他好像真的能与魔术师进行心灵感应一样。

接下来的事情更令人震撼了。

“那你猜猜看，我从钱包里掏出了什么东西？”

“3个卢布[①]。”

又答对了！

“能不能告诉我，接下来我掏出了些什么东西呢？”

“10个卢布。”

“聪明！那能不能再说说，这会儿我手里又拿着什么东西？”

“是一封信。”

“现在我又站在了谁的面前？”

“一位大学生。”

“非常棒！那么请问，他给我的又是什么东西？”

“一张报纸。”

“正确。你再试着说说看，我刚才从他这里又拿了什么东西？”

“一枚大头针。”

大厅中弥漫着紧张的气氛，菲利克斯继续回答着魔术师的问题，他没有出过一次错误，甚至连迟疑都没有出现过。

若是认为菲利克斯能够在舞台上看到魔术师手里拿着的是一枚大头针，那也太荒谬了。可如果这场表演中不存在欺骗，那又是如何做到的呢？超自然能力？未卜先知？心灵感应？这种事有可能吗？

直到演出结束，我还在思索着这些问题。

从剧院回家的路上，它们一直在我脑海中挥之不去。整个晚上我都无法释怀——我根本睡不着，这场演出实在太超乎常理，令我久久不能平静。

---

① 卢布这种货币已经有三百多年的历史了，现在是俄罗斯的标准货币。新卢布分为纸币和硬币，纸币面额有10、50、100、500、1000、5000，硬币面额则较小，有10、5、2、1等。除了卢布之外，俄罗斯还有戈比作为辅币。1卢布等于100戈比。面额为50、10、5、1的戈比均是硬币。

6. 住在楼上的小男孩

大约过了两天，我回家的时候在楼梯上看见一个男孩，他是前段时间刚刚同一位年长的亲戚一起搬到我们楼上的。他们从来都不和任何人打招呼，所以我至今都没有和这个小男孩说过话，也没有什么机会看清楚他究竟长什么样子。

这个男孩子一只手拎着一个煤油瓶，另一只手提着一篮蔬菜，正不紧不慢地爬着楼梯。也许是听到背后的脚步声，他转过头向后看了一眼，我吃惊得愣住了……这竟然是菲利克斯！

怪不得我看到舞台上那个男孩的面孔时会觉得如此熟悉！

我沉默地看着他，竟不知道要说什么。过了一会儿，我才回过神来，语无伦次地说："我能不能邀请你来我家做客呢……你可以看到我收集的蝴蝶标本……有蝴蝶，还有飞蛾……我还有一台电机……是我自己做的……用瓶

子做的……会闪出很漂亮的电火花……来我家吧……你还能看到……”

“那你会做小船吗？那种带帆的小船？”

“我没有小船，但是我的罐子里有北螈[1]……还有邮票，各种各样的稀有邮票——加里曼丹岛的、冰岛的……集了满满一本集邮册……”

我没想到这本集邮册竟然帮了我一把，原来菲利克斯是一个狂热的集邮爱好者。在听到我说有集邮册的时候，他的眼睛倏地就亮了。

“你有邮票？有很多吗？”他向我走过来并且问道。

“对啊，我有很多很稀有的邮票呢！尼加拉瓜的、阿根廷的、古代芬兰的……来我家看吧！今天晚上就来，我就住在这儿，就是这套房子。你只要按下门铃就行。我自己有一个单独的卧室。今天老师留的家庭作业也很少……”

这是我和菲利克斯的初次见面。他答应第二天晚上来我家做客。第二天临近傍晚的时候，他真的来了。我马上带他进了我自己的房间，然后便开始向他展示我的宝贝们：我在两个夏天中收集到的60只蝴蝶的标本；我自己用啤酒瓶做成的电机——对于这个东西我可是相当自豪，我的伙伴们都相当羡慕；还有去年夏天我捉到的四只北螈，它们都被放在一个玻璃瓶中；一只名叫歇尔克的毛绒玩具猫正像一只小狗一样拨弄着爪子；当然还有集邮册，我们班只有我一个人有这样的集邮册。菲利克斯看起来只对这本集邮册感兴趣。他收集的邮票还没到我的十分之一。他还向我解释了为什么他的邮票收集进行得如此艰难：他没有钱去商店里买邮票，因为他舅舅不会给他钱（原来菲利克斯是一位孤儿，他的父母都已经去世了，而那位魔术师就是他的舅舅）。他也没什么认识的人，所以无法跟别人交换邮票。而且，没有什么人会给他写信，因为他们居无定所，不像普通人一样能够长时间待在一个固定的地方，总是会不断地从一个地方搬到另一个地方。

“你怎么没有熟人呢？”我问道。

“怎么会有呢？刚和一个人认识，就又要搬到另一个城市去了，所以联系也就断掉了。而且我们从来不会重复去某个城市。还有，舅舅不喜欢我跟别人一起玩。我现在也是背着他来找你的。我只能趁他不在家的时候来，这样他就不会知道我来这里了。”

① 北螈是蝾螈的一种，属于两栖动物，体形与蜥蜴类似。

“你舅舅为什么不喜欢你跟别人玩啊？”

“因为他担心我会对别人说出我们的秘密。”

“秘密？”

“就是跟魔术有关的秘密。如果我不小心说出来，别人就不会来看我们的演出了。知道了那些秘密，表演还有什么好看的呢？”

“也就是说，那些表演都是魔术吗？”

菲利克斯沉默了。

“请告诉我，你和你舅舅的表演是魔术，是这样吗？真的是魔术吗？”我追问着。

可是，想让菲利克斯回答这些问题有点不大可能。他根本不看我，只是默默地翻看着集邮册。

“你有阿拉伯的邮票吗？”他开口了，但还是在认真地看着我的集邮册，就像是没有听到我的问题一样。

我知道很难从他嘴里问出那些秘密，只好继续向他展示我的那些宝贝。

那天傍晚，菲利克斯到最后都没有向我透露任何可以解释那场奇妙演出的讯息。

7. 揭秘超凡记忆力

最终，我还是达到了我的目的！就在第二天，菲利克斯便向我揭开了他超凡记忆力的秘密。至于我做了哪些努力来赢得他的好感，以至于让他这样坦诚相待，我就不再赘述了。总之，我忍痛割爱——拿出了 12 枚最稀有的邮票，而菲利克斯没能抵御住这个诱惑。

这一切都发生在菲利克斯的家中。按照约定，我去了他家，因为前一天晚上他便知道他舅舅这个时候会出门。

菲利克斯在对我说出这个秘密之前，一而再再而三地让我认真发誓:“不管出于怎样的原因，我都永远不会向别人透露这个秘密。”我发誓之后，他拿出一张纸，然后在上面画了一个表格。

我有点摸不着头脑，看看这个表格，又看看菲利克斯，等着他为我做出解释。

“你看到了吗？”菲利克斯低声说道，显得有些神秘莫测，“看到了吧，我们是在用字母来表示数字。字母‘H’代表‘0’，因为‘0’这个单词的首字母就是‘H’，除了这个，‘M’也可以用来代表‘0’。”

“‘M’为什么也能代表‘0’呢？”

“因为它们的发音相近啊。‘1’是用字母‘Г’来表示的，因为它们的写法比较相似。”

“那么‘Ж’和‘1’又哪里相似了？”

“因为一般来说‘Г’发生音变的话都会变成‘Ж’。”

“原来如此。所以数字‘2’用字母‘Д’来表示，是因为‘2’这个单词的首字母就是‘Д’。而‘Т’和‘Д’发音差不多，因此也可以用它来表示‘2’。可是，‘К’为什么能表示‘3’呢？”

“因为‘К’有三笔。而‘Х’的发音跟‘К’相似，所以它也可以代表‘3’。”

“我懂了。‘Ч’和与它发音相近的‘Щ’对应的是数字‘4’；而‘П’和它的近音字母‘Б’对应的是‘5’；‘Ш’则对应‘6’[①]。但我不明白为什么‘Л’也被用来代表‘6’？”

“这个没什么特别的理由，只要记住‘Л’代表数字‘6’就是了。剩下的按上面说的规律类推，‘С’与‘З’代表数字‘7’，‘В’与‘Ф’代表数字‘8’，这都很容易理解吧。”[②]

“没错。但为什么要用‘Р’来表示‘9’呢？”

“因为‘9’在镜子中的倒影和‘Р’很像。”

“那‘Ц’呢？它又为什么能够代表‘9’？”

“因为‘Ц’和数字‘9’有点像，都有一个小小的尾巴。”

“这个表格倒是不难记。可我还是没看出来它到底是做什么用的。”

“等一下你就知道了。这个表格中全都是辅音字母，要是把它们和元音字母组合在一起——你要知道元音字母可没法表示数字——就可以得到能表

① 在俄语中，数字“4”“5”“6”三个单词的首字母分别是“Ч”“П”“Ш”。

② 在俄语中，数字“7”的单词首字母为“С”，而“З”的发音与“С”相近；数字“8”的单词首字母为“В”，而“Ф”的发音与“В”相近

示数字的单词了。”

“打个比方？”

“比方说数字‘30’，就可以用‘窗户’这个词来表示，因为字母‘К’代表‘3’，‘Н’代表‘0’。”[①]

“每一个单词都能代表一个数字？”

“那当然。”

“好吧，那‘桌子’代表什么数字呢？”

“726——‘С’代表‘7’，‘Т’代表‘2’，而‘Л’则代表‘6’[②]。所有的数字都可以用一个单词与之对应，当然了，有的时候这并不是一件简单的事情。你多大了？”

“12 岁。”

“嗯，那么可以用‘年代’这个单词来表示：‘Г’代表‘1’，‘Д’代表‘2’。”[③]

“如果我是 13 岁呢？”

“那就用‘甲虫’这个单词：‘Ж’代表‘1’，‘К’代表‘3’。”[④]

“那么‘453’呢？”我脱口而出一个数字。

“长烟斗杆。”[⑤]

“这真是太有趣了！不过，虽然这个方法帮你记住了数字，但你表演的时候背的可是单词，并不是这些数字啊，这又是怎么做到的？”

“因为舅舅早就给从‘1’到‘100’的顺序数词都配上了相应的单词。比如说，数字‘1’到‘10’对应的单词依次是：1——刺猬；2——毒药；3——奥卡河；4——白菜汤；5——墙纸；6——脖子；7——胡子；8——柳树；9——

---

① 在俄语中，“窗户”这个单词含有字母“К”和“Н”

② 在俄语中，“桌子”这个单词含有字母“С”“Т”“Л”。

③ 在俄语中，“年代”这个单词含有字母“Г”和“Д”。

④ 在俄语中，“甲虫”这个单词含有字母“Ж”“К”。

⑤ 在俄语中，“长烟斗杆”这个单词含有字母“Ч”“Б”“К”，而这三个字母分别对应数字“4”“5”“3”。

鸡蛋；10——火焰。”[①]

“我真的听不懂你在说什么！什么叫‘顺序数词’？这是什么意思？”

“唉，你还真是不善于举一反三！就是说用‘刺猬’来表示‘1’，因为‘Ж’就代表数字‘1’嘛；‘毒药’表示‘2’；‘奥卡河’表示‘3’；‘白菜汤’表示‘4’……”

“原来如此！‘墙纸’表示‘5’，因为‘Б’代表‘5’……”

“嗯，就是这么一回事。现在你也看到了，记住这些单词其实很简单。而当你把这些单词全都记下来之后，无论你听到别人读了 10 个什么样的单词，都能把它们联系起来。”

“联系起来？我又听不懂你的意思了。”

“你试着随便写 10 个单词，我演示给你看。”

于是我便写下了以下的 10 个单词：雪、水桶、笑声、城市、图画、靴子、汽车、绳子、金子、死亡。

“当我听到别人念出这 10 个单词的时候，我就会在自己脑中将其中的每一个词跟相应的顺序数词联系起来，就会得到这些结果：

一只刺猬在雪地上奔跑；

水桶里装有毒药；

奥卡河上传来了笑声；

城市里有人在喝白菜汤；

墙纸上挂着图画；

靴子挂在脖子上；

胡子卡在汽车里。”

“胡子怎么会卡在汽车里？这个组合真是太荒谬了。”

“荒谬一点有什么不好，这样反而会更让人记忆深刻。‘刺猬在雪地上奔跑’‘靴子挂在脖子上’这些也同样很荒谬，可是好记啊。”

① 在俄语中，“刺猬”这个单词中含有上文中提到的代表数字“1”的字母“Ж”，以此类推，“毒药”中含有代表“2”的“Д”，“奥卡河”中含有代表“3”的“К”，“白菜汤”中含有代表“4”的“Щ”，“墙纸”中含有代表“5”的“Б”，“脖子”中含有代表“6”的“Ш”，胡子中含有代表“7”的“С”，“柳树”中含有代表“8”的“В”，“鸡蛋”中含有代表“9”的“Ц”，而“火焰”中则含有代表“1”和“0”的“Г”和“Н”。

“呃……你接着说。‘柳树’和‘绳子’要怎么联系在一起？”

“柳树长得像绳子一样高。”

“那么，‘鸡蛋’和‘金子’呢？这两个看起来并没有什么关系啊。”

“鸡蛋黄的颜色像金子。”

“接下来是……‘火焰’会导致‘死亡’？”

“姑且就先这样想吧。现在，这些单词已经组合完毕了，只要我能按照次序把每个单词对应的顺序数词所代表的单词记下来，就能背出整个单词表。”

“一只刺猬在雪地上奔跑；水桶里装有毒药；奥卡河上传来了笑声；城市里有人在喝白菜汤。”

“等等，剩下的让我来试试——墙纸上挂着图画；靴子挂在脖子上；还有胡子卡在汽车里，真是可笑……”

“你现在懂了吧，荒谬的句子确实可以帮我们更好地记忆呢。那么，第 8 个单词是什么还记得吗？”

“8——柳树长得像绳子一样高；9——鸡蛋黄的颜色像金子；最后是火焰会导致死亡。”

“现在来说说看，第 5 个单词是什么？”菲利克斯向我提议。

“5——墙纸——图画。”

“那么接下来，你试试倒序背出这 10 个单词。”

本来我并没有什么信心，可我却真的准确地背出了所有单词，这简直太令我惊讶了。

哇哦！——我不禁开心地欢呼起来：“现在我也可以表演魔术了啊！”

“喂，你别忘了自己发过的誓……”

“知道知道，你不用担心，我就是说说而已。不过，你背的可不是 10 个单词，是 100 个呢！这又是如何做到的呢？”

“其实道理是一样的。记住这 100 个数字相应的单词就好啦。”

“那么能不能告诉我，11 到 20 这 10 个数字对应的单词呢？”

菲利克斯写出了这些组合：

11——绒鸭；12——坏人；13——甲虫；14——渣滓；15——嘴唇；16——针；17——鹅；18——龙舌兰；19——山；20——房屋。

“其实用别的单词也可以。”菲利克斯向我解释道，“你可以自己试试找些其他单词。比如我们之前就不是用‘毒药’来代表‘2’的，而是用‘鱼竿’。可是‘2’和‘鱼竿’并不能很好地联系起来，所以我就建议舅舅把‘鱼竿’换掉了，最后舅舅又想出了现在的‘毒药’。还有，我们以前是用‘晚饭’来表示‘10’，但我还是更喜欢用‘火焰’来表示。另外，‘龙舌兰’这个词其实也不是很成功，可是舅舅目前也想不出合适的词了。”

“尽管如此，要记住 100 句话也是很困难的事情啊！”

“这要经常做练习，等习惯了也就变得简单了。我到现在都还记得上次表演时观众写出的那100个单词呢。”

“那你还记得我写的那几个单词吗？”

“它们的序号是哪几个？”

“68，69，70。”

“铅笔刀，雨，火灾。”

“的确是这些！你是怎么去记的？”

“是这样——‘68’对应的单词是‘锡’；‘69’对应的是‘椴树’；‘70’对应的是‘睡眠’。锡这种东西制造不出铅笔刀，椴树下有人在避雨，睡觉的时候梦到了火灾。”

“要记住这些单词需要花很长时间吧？”

“在上次表演前，大概……舅舅！舅舅回来了！”透过窗口，菲利克斯看到他的舅舅走进了院子，他惊慌失措地叫了起来，“你快走吧！”

最终，我赶在那位魔术师走进楼道前成功地回到了自己的房间。

8. 揭秘心灵感应

这样，我知道了关于那场表演的一半的秘密，这令我心花怒放……全场那么多观众，只有一个人获得了这个魔术的秘密，而那唯一的一个人就是我！

而且，仅仅又过了一天，我就得到了这个秘密的另外一半。当然，我也为此付出了巨大的代价：我把自己的集邮册和里面花了两年时间收集得来的所有邮票全部送给了菲利克斯。不过我也承认，最近我对那些邮票的热情已经大不比从前了，现在的我更痴迷于电子实验和相关的那些设备，因此，这次舍弃这些邮票并没有给我带来太大的遗憾。

在这之后，我又一次郑重地发誓，保证一定会信守承诺严守这个秘密。直到这时，菲利克斯才终于告诉我，他和舅舅之间有一套早已约定好的暗语。只要使用这套暗语，他们就可以在众目睽睽之下进行交流，而不被任何一位在场的观众觉察。表1-1便是从这套暗语的秘密词典中摘录的一部分。

当我刚开始看到这个表格的时候，并不能一下子就明白它所表达的意思。所以菲利克斯便给我举了一些例子，以此来向我解释他和舅舅之间是如何使用这套暗语进行对话的。他向我假设，有一位女观众把自己的钱包交给了他舅舅，这时舅舅就会用下面这种方式向舞台上被蒙着双眼的菲利克斯大声提问："菲利克斯，你推测一下，是谁给了我一件东西？"

表 1-1　暗语秘密词典（一）

用来提问的词语	表示的意思		如果之前已经说过"聪明"这个词了，那么表示的意思则是
怎样，什么样的	1戈比或1卢布	文官	文件夹
现在，什么，哪里	2戈比或2卢布	大学生	钱包
猜猜看	3戈比或3卢布	姑娘	铜币
正确！请	5戈比或5卢布	水兵	头巾
能不能	10戈比或10卢布	军人	信封
推测一下	15戈比	女士	银币
请问	20戈比	小姑娘	铅笔
好样的，试试	外国硬币	小男孩	纸烟

"推测一下"在这个表格中指示的是"女士"。于是菲利克斯就会回答："一位女士。"

"聪明！"他的舅舅高声说道，"现在就请你来告诉我，她交给我的是一件什么东西？”

表格显示，“聪明”和“现在”这两个关键词组合起来表示的是“钱包”。菲利克斯当然会回答正确，舅舅接着发问：“聪明！那你能不能告诉我，我又从钱包中拿出了什么东西？”

“一封信。”菲利克斯回答道，他知道“聪明”和“能不能”的组合所代表的就是这个意思。

“聪明！那你来猜猜看，这会儿我手里拿着什么东西？”

“一枚铜币。”菲利克斯继续回答。按照他们的暗语，“聪明”和“猜猜看”在一起时表示铜币。

“没错！猜猜看这枚铜币的面值是多大？”

“3 戈比。”

“聪明！那么请问，此刻我又得到了什么东西？”

“铅笔。”

“正确！请你说说这是谁给我的。”

“一位水兵。”

“好样的！他又给了我什么东西？”

“一枚外国硬币。”

有了这套暗语，菲利克斯的舅舅便可以随心所欲地提任何问题。类似“聪明”“正确”“好样的”这样的感叹词和“能不能”“请问”“猜猜看”这样的单词都是最普通的词汇，根本不会有人注意到有什么问题，所以观众们也从未产生过怀疑。

为此，菲利克斯和舅舅还有一个约定好的暗语表，上面列出的单词几乎包含了观众口袋里可能出现的所有物品。所以，让魔术师措手不及的情况基本不会发生。

然而这还不是全部的秘密。菲利克斯和舅舅有时也会应邀前往观众的家中进行表演，为了应对这种情况，他们还会使用一些其他的词汇来表示可能会出现的物品，表 1-2 中所列出的这些词语就是我从中摘录出的一部分。

只要好好记住这些物品的暗语，两个人不管在哪里都能进行精彩的表演：菲利克斯闭着眼睛便能猜出观众们的一切。而两人之间的对话大概是这样的：

“现在是哪一位客人站起来了呢？”

“大学生。”（“现在”在暗语中表示“大学生”）

“那么他又走向哪里了？”

“食品柜。”

“没错，这会儿他来到了什么东西的旁边？”

表1–2 暗语秘密词典（二）

用来提问的词语	之前已经说过的词语			
	正确	太好了	好	太棒了
	那么意思就是			
怎样，什么样的	烟盒	戒指	手表	扇子
现在，什么，哪里	雪茄	胸针	眼镜	手套
猜猜看	火柴	勋章	夹鼻眼镜	帽子
正确！请	打火机	小坠子	烟嘴儿	大檐帽
你能不能	火柴盒金属套	簪子	梳子	拐杖
推测一下	烟灰缸	金属帽	照片	书
请问	缝衣针	小刀	花	报纸
好样的，试试	大头针	鹅毛笔	刷子	杂志

“火炉。”

“正确！此刻他又走向哪里了？”

“客厅。”

诸如此类。

除此之外，他们还为猜手指和扑克牌准备了一套专门的暗语。比如，扑克牌的鬼牌、2、3、5、10 的表示方法和前面所说的 1、2、3、5、10 戈比的表示方法一样；而扑克牌的 4 和 6，则又分别与 15、20 戈比的表示方法一样……大致如此。

也就是说，所有的一切都是他们事先设计好的，甚至连细节都考虑得十分周到。只要能够熟练运用这套暗语，就可以使用那不同凡响而又令人眼花缭乱的心灵感应表演在观众中引起惊呼了。

这个时候，不管所谓“心灵感应”的原理多么简单，我都必须承认，得知这个秘密的真相时自己有多么震惊，我为这个诡计中所蕴含的智慧感到无比惊讶。仅凭我的一己之力是无论如何都猜不出个中玄机的，所以对于用所有邮票去交换这一秘密的决定，我丝毫没有感到可惜。

事到如今，只有一个谜底尚未解开了，那便是菲利克斯为何能够横悬在半空中。他到底使用了什么方法才能做到仅凭一只胳膊撑在木棍上就能长时间地横卧在空中呢？许多人都认为这是催眠术，但真相到底是什么呢？菲利克斯为了向我解释这个秘密，从抽屉里面拿出一件看上去有些奇怪的道具——一根结实的铁条，上面有几个铁圈，还有几根皮带。

“就是这个东西在支撑着我。”菲利克斯平静地说道。

“你是说你当时躺在这个东西上面？”我还是一头雾水。

“我是把它穿在身上，当然了，是穿在衣服里面。我穿给你看看。”菲利克斯一边说着，一边驾轻就熟地将一只手和一只脚伸进铁圈之中，然后把皮带系在胸部和腰部，“现在，只要把铁条的这头插进那根木棍，我就可以横躺在空中啦。其他人根本看不出我是躺在了这个玩意儿上。舅舅的动作非常隐秘，谁都察觉不到的。躺在这个上面其实特别舒服，一点也不累。即使想睡觉也没问题。”

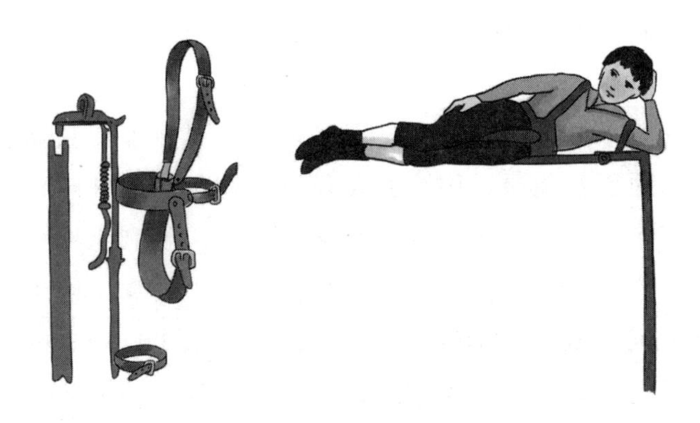

“上次演出的时候你没睡着吗？”

“我为什么要在舞台上睡觉？我只是闭上了眼睛呀，因为舅舅说这样做比较好。”

原来是这样！我回想起那天我身旁的观众们为了这个问题吵得不亦乐乎，忍不住大笑起来。

接着，我又用最严肃神圣的誓词反复向菲利克斯保证，绝对不会对任何人讲出这个秘密，就算是只言片语也不会透露。然后我便离开了菲利克斯的房间。

第二天，我透过窗子看到菲利克斯和他的舅舅坐着马车往车站的方向去了。随着他们的离开，“世纪奇迹”在我家乡的演出也结束了。

我当时还不知道，这竟是自己最后一次见到菲利克斯，从此之后我们再也没有见过面。我甚至再也没有听说过“世纪奇迹”在其他城市演出的相关消息。

尽管如此，我还是信守着对他的承诺，许多年来从未对任何人提起过“非凡记忆力”和“心灵感应”的秘密。

9. 别赫捷列夫[①]教授的文章

现在，我就来讲讲为什么我觉得可以不用再替菲利克斯保守这个秘密了。其实，原因很简单，因为我发现这个秘密已经被解开并且在杂志上公之于众了，继续隐瞒下去也没什么必要了。菲利克斯和他舅舅已经不再是这个世界上唯一能表演这一“世纪奇迹”的魔术师了。起因是我在某一天偶然间看到了一本时下很流行的德语杂志，杂志中有一篇文章详细地分析了一下子记住大量单词的方法，还说很多辗转于各城市表演的魔术师都使用了这种方法。过了一段时间，我又在一本俄语的医学杂志上看到了一篇著名学者别赫捷列夫教授所写的文章，这篇文章揭示了所谓“心灵感应”的秘密。文章中所体现出的教育意义十分值得注意，所以我特地将它摘抄了下来——当然，也许现在的读者已经不会觉得这篇文章有什么值得惊讶的了。

1916年的春天，一家露天剧场发布了一则消息：有一位小女孩将在这里演出一些特别的节目，她能够在远处感应到观众的心思，甚至能够未卜先知。整场演出都是在一种不可思议的气氛中进行的。演出开始的时候，一位11岁左右的小女孩走到舞台中间，工作人员搬来一把椅子放在她的身前，女孩站在椅子后边，一只手扶着椅背。接着，工作人员又用一块大大的手帕蒙住了小女孩的眼睛，蒙得严严实实的。准备工作到这里算是结束了。于是，女孩的父亲走进观众席，穿梭于其中。剧场的大厅中座无虚席。女孩的父亲走过一位位观众身边，观察他们手中的东西或者衣服上的勋章、胸针，有时还会用手去摸观众口袋中的物品，与此同时，他会不停地向他的女儿提问，让舞台上的小女孩说出这些物品都是些什么。而令人惊讶的是，每当小女孩听到问题，便会立刻响亮而准确地说出这些东西的名称，没有一丝犹豫，速度快得惊人。

这位父亲走进我们包厢的时候，用手指了指我，问道：“我现在站在谁的身边？”

① 别赫捷列夫是俄罗斯心理学家和神经学家，俄罗斯神经病学和精神病学科、反射学的创始人，确定了解剖生理学空间定位的基本原理，对催眠疗法的应用有深入研究。

从舞台上女孩的方向立刻传来一声响亮的回答："一位教授。"

"他的名字是？"

舞台上再次传来了准确的回答。

这时，我又从衣服口袋中拿出了一本《医学日历》杂志，请这位小女孩说出这本杂志的名字。她的父亲按照我的要求提出了问题，于是小女孩很快又给出了正确的答案——"日历"。

小女孩的回答为她赢得了观众们雷鸣般的掌声。

为了弄清真相，教授再次向这位父亲提出了要求，他希望这对父女能够再表演一次这个节目，不过演出地址要换到一个只有少数几位观众的地方。

这位父亲欣然应允。教授接着写道：

我和包厢内的几位观众一起来到了剧院的办公室。

在这里我先向小女孩提了几个问题，这时我发现，她的脸上浮现出一丝不安。我又问她，能不能和我做一次猜物品的试验，小女孩想了想，然后对我说她认为自己需要一些时间来适应。我问她的父亲："这个适应时间大概需要多久？"她父亲回答说："大约需要一个月。"

我还是有些不死心，请求小女孩先试着与我做几次猜物品的试验，然而最终都失败了。于是我们只好又让小姑娘和她的父亲再为我演示一次。我搬了一张椅子放在办公室的角落，让小女孩站在椅子的背后，我自己则坐在这张椅子上。她的父亲站在对面几尺开外的地方，其他几位观众像之前那样向他展示一些物品，他便根据这些物品向小女孩提问。女孩总是能够在父亲提问完之后便立刻说出正确的答案。但我可以肯定，她的父亲每次在发问之后就闭口不言了，的确没有给她任何提示。

眼看着有这么一个不可思议的现象出现在自己面前，喜欢追根究底的教授实在不想错过这个研究机会，便向小女孩的父亲建议，希望他们能到自己的家中来演出一次。那位父亲思考了片刻之后答应了教授的请求。他们约好了日期和时间，到时候这位擅长猜测的小女孩会和她的父亲一起去教授的家中再次为他表演，那样就不会有过多的观众在场，可以保证有个安静的环境。可是，到了约定的日子，这两位客人却并没有按时到访。意识到他们可能不会来了，教授立刻赶到了那个露天剧场，在那里，他发现这两位失约的客人正在准备举行“心灵感应”的演出。

而这个故事的结局却有些出人意料。对于这个结局，教授是这样讲述的：

我刚走进剧院的院子就被一个陌生的男人拦住了，这位男士自称是一位尚未上岗的医生。他告诉我，他对这家剧院非常熟悉，而且跟小女孩的父亲有很深的交情。他还说，那对父女没能在约定的时间赶去我家，是因为他们今天需要在这里演出。现在他们正在剧场里跟观众们交流，大家都对这场演出非常感兴趣，甚至以为这场演出中所呈现出的是一种神秘的现象。但是，那位父亲知道我是科学界人士，这点小把戏瞒不过我。上次在剧院办公室表演时，如果只有我一位观众在场，他当时就会把这个秘密告诉我。可是当时还有别的观众在场，所以他无法这么做。

现在，这位医生替他把这个秘密告诉了我。其实原理很简单，小女孩的父亲对那些常见物品使用了特殊的提问方式，就连字母和数字也都有相应的暗语。小女孩正是因为熟练掌握了这套暗语，所以才能够根据父亲提问中的不同关键词快速回答出对应的答案。所有的日常用品，如烟盒、火柴盒、皮带、勋章、书本、车票，一些常见的人名，如尼古拉、亚历山大、弗拉基米尔、米哈伊尔，都有专门的暗语相对应。除此之外，他们还有一套专门用于数字和字母的暗语，也就是说提出的问题中，会使用到表示特定字母和数字的词汇。

举个例子来说，需要小女孩猜的数字是37，那么她父亲的提问便是“请准确地告诉我……”，因为在他们约定的暗语中，“准确地”代表数字3，而“告诉我”代表的是数字“7”。所以，在父亲问女儿军官皮带上的数字时加一句“请准确地告诉我”，小女孩自然就会立刻回答“37”了。如果有观众笔记本上写着“377”，那父亲的问题就会是“请准确地告诉我，告诉我……”，而如果这个数字是“337”，那么问题又会变成“请准确地……准确地告诉我……”。

这套针对常见物品设定好的暗语使得这种猜测变得简单了很多，比如“什么”表示“手表”，“怎样的”表示钱包，“这是什么”则表示梳子。运用到实际表演中，答案就会显而易见。如果问题是“这位观众口袋里有什么？”，答案就是“手表”；如果问题是“口袋里是怎样的东西？”，答案则是“钱包”；而如果问题是“这是什么东西？”，那么答案就是“梳子”了。此外，如果需要切换另一套关于数字和字母的暗语，也有相应的提示语。比如当父亲说“你好好思考一下”的时候，小女孩就会知道现在要按照字母的暗语表来回答了。

第2章　数字交易

1. 一场有利可图的交易

这是一个有趣的故事，尽管给我讲这个故事的人并没有告诉我它发生在何时，又发生在哪里。但是，我还是忍不住想讲给大家听听。

I

从前，有一位百万富翁。一天，一位陌生人来到他家里说想和他做一次金钱上的交易，而交易的方法却是富翁闻所未闻的。

“从明天开始，”这位陌生人说道，“在接下来的一个月内，我每天送

给你 1000 卢布。”

听到这里，富翁的呼吸都停止了，他有些急切地想要听下去。而陌生人却沉默了。

“真的吗？你快接着说呀！你为什么要这么做呢？”

“第一天，你只要为这 1000 卢布支付 1 戈比[①]就好。”

“1 戈比？”富翁以为自己听错了，疑惑地重复了一遍。

“对，1 个戈比。而第二个 1000 卢布，你需要向我支付 2 个戈比。”

“然后呢？”富翁忍不住追问道。

“然后，第三个 1000 卢布，你要给我 4 戈比，第四个 1000 卢布，你给我 8 戈比，第五个时给我 16 戈比。这一个月内，每一天你需要支付的费用是前一天的两倍。”

“只有这样吗？”

“对，就是这样。除了这些你不需要给我其他任何东西。你只要保证能够遵守我们的约定就好——这一个月内，我每天早上送 1000 卢布给你，而你则按照约定付钱给我。在满一个月之前，这个约定绝对不能中止。”

“他给我 1000 卢布，我还他 1 个戈比。这钱该不会是假的吧？要不就是他脑子有问题。”富翁暗自想道。

“好吧！”富翁同意了这个交易，“那你明天把钱带给我吧，我一定会信守承诺，该支付的我一分都不会少。但你也别想玩什么花样，给我的可必须是真钱。”

“这个你不用担心。等我明天早上带来你就知道了。”

说完，陌生人便离开了。而百万富翁却还在思忖着：这位奇怪的客人明天真的会来吗？也许他以后再也不会来了呢，可能他会突然想明白，发现这桩交易对他而言完全无利可图……

Ⅱ

第二天，那位客人一大早便敲响了百万富翁的窗户。

“你准备好钱了吗？”陌生人说道，“我已经把我该给你的带来了。”

---

① 1 卢布＝100 戈比。

接着，他真的从包里拿出了他所承诺的钱——绝对货真价实，不是假钱。陌生人数完了钱，整整 1000 卢布，然后说道：“这是我们约定好的，我该给你的这份。你该给我的那份呢？”

富翁将 1 个戈比放在桌子上，忐忑地看向这位陌生人：他真的会只拿走这枚硬币吗？他会不会反悔又来要回这 1000 卢布呢？

但陌生人只是看了一眼 1 戈比的硬币，然后拿在手里掂了掂，顺手装进了衣兜里。

“明天还是这个时候，等着我吧。到时候要付的是 2 戈比，不要忘了。”说完这些，他便转身走了。

富翁几乎无法相信真的会有1000卢布从天而降，这实在太令人意外了！他数了数陌生人留下的钱，非常满意——这的确是真钱。一切都如陌生人许诺的那样。富翁将这些钱精心地藏了起来，便开始期待明天的 1000 卢布。

到了晚上，富翁又重新陷入了疑云之中，他想：那个访客有没有可能是故意装得很老实，实际上却是一个强盗？他该不会是想偷窥我把钱藏到了哪里，再回来抢劫？想到这些，富翁连忙关好房门，时不时地向窗外张望，并且竖起耳朵听着窗外的动静。从傍晚开始他便一直这样坐立不安，直到深夜都无法入眠。

第二天早上，陌生人又敲响了窗户——他又带着钱来了。他像昨天一样数了 1000 卢布给富翁，并将他应得的 2 戈比放进自己的口袋，转身就走了。临走前还不忘提醒富翁：“明天早上准备好 4 个戈比等我！”

百万富翁又兴高采烈起来。第二个 1000 卢比到手依旧没有费吹灰之力！而且这位访客也不像是什么强盗——他每次来家里从来不四处张望，也从未打听过其他无关的事情，只是要求拿走他应得的那些戈比。这真是一个奇怪的家伙！如果像这样的人再多一些，那聪明人的日子可就滋润了……

第三天早上，陌生人的敲窗声如期而至。他又出现在了百万富翁的面前。而富翁则用4个戈比换来了第三个1000卢布。

第四天，百万富翁用同样的方式得到了第四个1000卢布，为此他支付了8戈比。

第五个1000卢布到手时，富翁支付了16戈比。

接着，第六个1000卢布也到手了，他支付了32戈比。

到周末时，这位富翁得到了第七个1000卢布，而他却只付出了1＋2＋4＋8＋16＋32＋64＝1卢布27戈比，相对他所得到的来说，这点付出实在是不值一提。

富翁贪心起来，他爱上了这个交易，甚至有些后悔他和陌生人约定的时间只有短短一个月，这样他只能得到30000卢布。要是能跟这个奇怪的家伙谈谈，将期限延长一些就好了，就算只延长两三个星期也行呀。想到这里富翁又为难起来：万一自己这么一说，反而让那个人突然明白他那些钱都白扔了呢？

不管怎样，陌生人还是一如既往，每天早上都带着1000卢布准时地来到富翁家里。第八天早上，他拿到了1卢布28戈比；第九天早上，他拿到了2卢布56戈比；第十天早上是5卢布12戈比；第十一天早上是10卢

布 24 戈比；第十二天是 20 卢布 48 戈比；第十三天是 40 卢布 96 戈比；第十四天是 81 卢布 92 戈比。

富翁一点都不介意支付这些钱，相反，他还十分乐意：因为他这些天可是获得了 14000 卢布，而他支付给陌生人的钱加起来只有区区 150 卢布而已。

Ⅲ

但富翁并没能高兴多久，因为他很快就发现，这位他认为非常奇怪的访客其实一点都不傻，而他们之间的这笔交易也不像他之前以为的那么有利可图。从第三周开始，他获得那 1000 卢布的代价已经开始高达上百卢布，而不再是那不起眼的戈比了。更可怕的是，需要支付的金额还在疯狂地增长。具体来说，从那个时候起，百万富翁支付的金额如下：

第十五个 1000 卢布时，需要支付 163 卢布 84 戈比；

第十六个 1000 卢布时，需要支付 327 卢布 68 戈比；

第十七个 1000 卢布时，需要支付 655 卢布 36 戈比；

第十八个 1000 卢布时，需要支付 1310 卢布 72 戈比。

从这时开始，这笔交易对富翁已经完全没有什么利益可言了，因为富翁每次得到 1000 卢布，反而要付出更高的代价。但他没有别的办法，按照约定，他必须坚持到月底。当然，富翁并不觉得这是一个亏本买卖——虽然他支付了 2500 多卢布，但毕竟还有 18000 卢布到手。

然而接下来，情况更让人恐慌了。百万富翁终于发现这位陌生人可要比他狡诈多了，他最终所获得的钱将远远超过他所付出的 30000 卢布。可是一切都为时已晚。下面我们就看看他们双方的支付情况吧！

第十九个 1000 卢布时，需要支付 2621 卢布 44 戈比；

第二十个 1000 卢布时，需要支付 5242 卢布 88 戈比；

第二十一个 1000 卢布时，需要支付 10485 卢布 76 戈比；

第二十二个 1000 卢布时，需要支付 20971 卢布 52 戈比；

第二十三个 1000 卢布时，需要支付 41943 卢布 4 戈比。

为了第二十三个 1000 卢布，百万富翁付出的钱比陌生人许诺这一个月给他的总钱数还要多！

约定的最后一个星期到了，而在这七天中，我们的百万富翁终于破产了。他每天需要支付的钱为：

第二十四个 1000 卢布时，需要支付 83886 卢布 8 戈比；

第二十五个 1000 卢布时，需要支付 167772 卢布 16 戈比；

第二十六个 1000 卢布时，需要支付 335544 卢布 32 戈比；

第二十七个 1000 卢布时，需要支付 671088 卢布 64 戈比；

第二十八个 1000 卢布时，需要支付 1342177 卢布 28 戈比；

第二十九个 1000 卢布时，需要支付 2684354 卢布 56 戈比；

第三十个 1000 卢布时，需要支付 5368709 卢布 12 戈比。

陌生人最后一次离开之后，百万富翁计算了一下，他为了这笔曾经以为是从天而降的30000卢布究竟花了多少钱。结果简直令他痛不欲生——他居然共付给陌生人10737418卢布23戈比。

几近1100万卢布了！谁能想象这个数字的起点居然只是微不足道的1戈比呢？按这个算法，陌生人每天带来的即使是10000卢布也吃不了亏啊！

Ⅳ

虽然这个故事到此结束了，但我真正想要告诉大家的是，怎样可以简单快速地算出这位百万富翁的损失。换句话说就是，怎样才能更方便地得出下面这个数列相加的结果：

$$1+2+4+8+16+32+64+\cdots$$

只要稍做观察，我们便会发现，这些数字有着明显的特征：

$$2=1+1$$
$$4=(1+2)+1$$
$$8=(1+2+4)+1$$
$$16=(1+2+4+8)+1$$
$$32=(1+2+4+8+16)+1$$
$$\cdots\cdots$$

通过上面这些算式，我们能够得出，在这个数列中，每个数字都等于它之前的所有符合该规律的数字之和再加1。反过来说，每个数字减1，便是数列中它前面所有符合该规律数字的总和。

因此，如果我们想要算出这个数列中所有数字的总和，其实只要用最后一个数字，加上它前面所有按2倍递进的数字之和（也就是这最后一个数字减1），就能快速得出我们想要的答案。

举个例子，假设我们想先算算从第一天的1戈比到第十六天的32768戈比，富翁在这十六天里一共花了多少钱，就用最后一个数字（32768）加上前十五天一共付出钱数的总和（按照上面总结的特征也就是32768−1），便能得出结果——65535了。

用这个方法来计算，我们只要知道那位百万富翁最后一天付给陌生人多少钱，就能很快算出他一共损失了多少钱。而我们之前说过，他最后一天付出了 5368709 卢布 12 戈比。所以我们只需将这个数字加上 5368709 卢布 11 戈比，就可以轻松地得出结论：富翁一共损失了 10737418 卢布 23 戈比。

2. 城市中的流言

一则消息在城市里传播的速度常常快得惊人！有的时候，一件事情发生时明明只有几个人在场，但用不了两个小时就已经传遍了全城——好像每一个人都听说了这事情。

这样的传播速度实在不可思议，甚至可以说有些神奇。但实际上，如果从计算的角度来思考这个问题，就会发现这并没有什么好惊讶的，也没什么难以理解的：这一切都可以用数字的特性来解释，而不是那些子虚乌有的神秘理论。

让我们用这么一件事情来做例子，试着分析一下其中的来龙去脉吧。某天早上 8 点，一位外地人来到了省城，他还带来一条大家都很感兴趣的新消息。这位外地人在他住的酒店里，把这条新消息告诉了 3 位本市的居民。我们假设这个过程花费了 15 分钟。

因此，到当天早上 8 点 15 分时，本市只有 4 个人知道这个消息——这位外地人，加上他所告知的 3 位本地人。

而这 3 位本地人得知了这个有趣的消息之后，又都分别将消息告诉了自己认识的另外 3 个人。假设这个过程也需要 15 分钟——消息传播需要的时间并不算短。这也就是说，在外地人把这条消息带到这座城市的半个小时之后，知道消息的人数是：$4+3\times3=13$ 人。

新获得这一消息的 9 个人又都分别向另外 3 个人分享了它，也都花费了同样的时间。所以到 8 点 45 分时，知道这消息的人数便达到了：$13+3\times9=40$ 人。

那么，如果这条消息按照这种传播方式——每一个得知这个消息的人都在之后的 15 分钟之内将它告诉另外三个人——继续在城市中传播下去，就会形成以下的时间表：

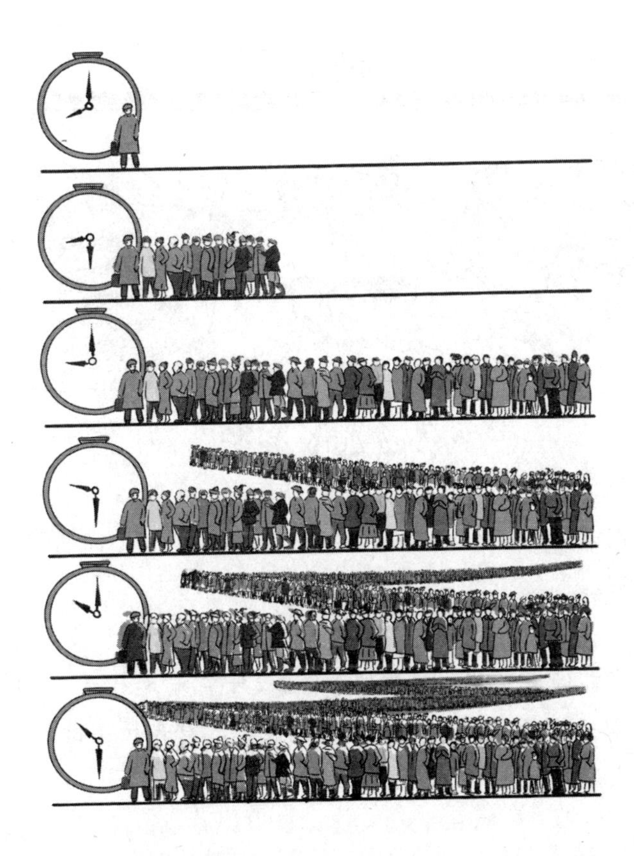

9点钟时，得知这条消息的人数为：40 + 3×27 = 121人；

9点15分时，得知这条消息的人数为：121 + 3×81 = 364人；

9点30分时，得知这条消息的人数为：364 + 3×243 = 1093人。

到这个时候，距离消息到达这座城市不过一个半小时，却已经有将近1100人知道它了。对于一个有5万人口的城市来说，这个数字可能并不算什么。要说这5万居民很快就会全都知道这条消息，可能许多人都不会相信。可是，让我们接着推算下去看看究竟会怎样吧！

9点45分时，得知这条消息的人数为：1093 + 3×729 = 3280人；

10点时，得知这条消息的人数为：3280 + 3×2187 = 9841人。

再过15分钟，这座城市一半以上的人就都会知道这个消息：9841 + 3×6561 = 29524人。

显而易见，这条在早上8点还只有1个人知道的消息，没过上午10点半就将尽人皆知了。

其实我们可以更进一步，这种计算方式还可以简化，而简化之后就会得到下列加法数列：

$$1 + 3 + 3\times3 + 3\times3\times3 + 3\times3\times3\times3 + \cdots$$

那我们能不能像上一节计算数列“1 + 2 + 4 + 8 +…”那样用更简单快捷的方法计算这个数列的结果呢？如果我们能够分析出此处相加的那些数字之间有什么规律的话，问题就迎刃而解了：

$$3 = 1\times2 + 1$$

$$9 = (1 + 3)\times2 + 1$$

$$27 = (1 + 3 + 9)\times2 + 1$$

$$81 = (1 + 3 + 9 + 27)\times2 + 1$$

……

通过观察我们可以发现，在这个数列中，每一个数字都等于它前面所有符合这个规律的数字之和乘 2 再加 1。

也就是说，如果我们想要计算出这个数列中 1 到某一数字之间所有数字之和，只需要用最后一个数字加上它自己的一半就好（当然，在除以 2 之前请先将该数字减去 1）。

举例来说，1 + 3 + 9 + 27 + 81 + 243 + 729 = 729 +（729 − 1）÷2 = 1093。

在上面所说的这个事例中，我们只是假设每一个得知消息的人将之转告给了另外三个人。但如果这个城市的居民比我们所想的更加活跃，更喜欢分享这些消息，那么他们转告的便可能不止 3 个人，而是 5 个人甚至 10 个人。这样的话，这条消息传播的速度就会变得更快。假设这条消息按照每人每次转告 5 个人的速度传播，那我们便会看到：

8 点：1 人；

8 点 15 分：1 ＋ 5 ＝ 6 人；

8 点 30 分：6 ＋ 5×5 ＝ 31 人；

8 点 45 分：31 ＋ 5×25 ＝ 156 人；

9 点：156 ＋ 5×125 ＝ 781 人；

9 点 15 分：781 ＋ 5×625 ＝ 3906 人；

9 点 30 分：3906 ＋ 5×3125 ＝ 19531 人。

这样，这条消息在早上 9 点 45 分之前就会被全市的 5 万居民所知晓。

而如果每一个得知消息的居民转告的是另外 10 个人，那消息传播的速度将更加惊人。我们也会得到一个有趣的数列：

8 点：1 人；

8 点 15 分：1 ＋ 10 ＝ 11 人；

8 点 30 分：11 ＋ 100 ＝ 111 人；

8 点 45 分：111 ＋ 1000 ＝ 1111 人；

9 点：1111 ＋ 10000 ＝ 11111 人。

显然，这个数列的下一个数字是 111111，这意味着整个城市的居民在刚刚过 9 点的时候就全部得知这一消息了。按这个传播速度，消息传播开来只用了一个小时左右。

3. 皇帝的赏赐

I

传说，这个故事发生在很久很久以前的古罗马。

统帅泰伦斯奉皇帝的旨意完成了一次所向披靡的远征。他带着战利品回到了首都罗马之后，便请求觐见皇帝。

皇帝非常高兴地接见了泰伦斯，由衷地感谢他为帝国做出的贡献，并且向他许诺：作为对他功绩的奖赏，将在元老院授予他高官。

可是对于泰伦斯来说，这种赏赐并不是他想要的。因此他对皇帝说：“这些年来，我在外打了一个又一个的胜仗，都是为了使陛下您威名远扬。我从来不恐惧死亡，如果我能有很多条命，那么我会为了您舍弃自己全部的生命。可是我的生命只有一条，而且青春不再，我甚至能感受到自己身体中的血液流淌已然变得缓慢。所以我厌倦了战争，我想我接下来应该告老还乡享受天伦之乐了。”

“那么你希望从我这里得到些什么呢，泰伦斯？”皇帝问道。

“请陛下允许我细细道来。这些年我一直在打仗，从未停歇，我的宝剑几乎被鲜血浸透，可我却没有积累到任何财富。陛下，我实在太穷了……”

“请你说下去，勇敢的泰伦斯。”

“我一直是您的平凡的仆人，如果您想要赐予您这位仆人什么奖赏的话……”统帅得到了皇帝的鼓励，于是继续说下去，“那就请您慷慨一些，帮助我富足地度过人生剩余的时光吧。我无意在拥有至高权力、受到万众景仰的元老院中谋求官职，只求能够远离庙堂和尘俗安享晚年。陛下，请您给我一些钱财，让我足以衣食无忧地度过余生吧。”

这位皇帝并不是一位慷慨大方的君王。他自己非常喜欢收集金银财宝，

聚集财富，但对于别人却很吝啬。听到泰伦斯的要求，他陷入了沉思。

“那么泰伦斯，你认为自己需要多少钱呢？”皇帝问道。

“陛下，大约一百万第纳里[①]。”

皇帝又沉默了。泰伦斯低着头，等待皇帝给他答复。终于，皇帝说话了：“勇敢的泰伦斯啊，你是伟大的军人，你为帝国做出了卓越贡献，理应得到重赏。我一定会好好赏赐你的，明天中午我便会告诉你我的决定。”

泰伦斯听完后，向他的君主深深鞠了一躬便离开了。

Ⅱ

第二天中午，泰伦斯如约来到皇宫。

“勇敢的泰伦斯，你来了！”皇帝说道。

泰伦斯恭恭敬敬地低下头。

“陛下，我来听您的决定。宽厚仁慈的您昨天许诺要给我赏赐。”

皇帝回答道：“像你这样伟大的战士，我不想只用一点点微不足道的金币来愧对你的丰功伟绩。请你仔细听我说。我的金库里有 500 万枚布拉斯铜币[②]。一会儿你去我的金库拿一枚硬币。然后再回到这里，把它放在我的脚边。从此之后，我都会下令让人每一天都为你制造一枚特制的硬币。第二天，你去金库可以拿到一枚价值 2 布拉斯的硬币，然后将它放到第一枚旁边。第三天的硬币价值 4 布拉斯，第四天的硬币价值 8 布拉斯，第五天的价值 16 布拉斯……以此类推，所有硬币的价值都是前一天的两倍，只要你能举起这些硬币，能把它从金库拿出来并放到我这里就行。这个过程中只能靠你自己，没有人会帮助你。如果到哪一天你再也搬不动新的硬币了，那就停下来。到那个时候我们的约定便结束了，你从金库中拿出来的所有硬币都归你，这些便是我给你的赏赐。”

听着皇帝的解释，泰伦斯的目光变得贪婪起来。他仿佛已经能够预见自己从那座金库中搬出大堆大堆的钱币了。

他仅仅考虑了几秒钟，便满面笑容地对皇帝说：“您的仁慈让我非常感谢，陛下，您真是慷慨极了！”

① 第纳里为古罗马钱币，分为金币和银币。

② 古罗马小型金属货币，1 布拉斯等于 1/5 第纳里。

Ⅲ

于是从这天起，泰伦斯便天天去国王的金库拜访了。金库距离皇帝的宫殿并不遥远。起初的几天，泰伦斯搬运这些硬币根本不费吹灰之力。

第一天，他从金库里拿出了1个布拉斯。这枚硬币不大，直径只有25毫米，重量大约是5克。

第二天、第三天、第四天、第五天，直到第六天，搬运工作都非常轻松。这几天里，泰伦斯搬出的硬币分别是1个布拉斯的2倍、4倍、8倍、16倍和32倍。

如果换算成我们现在的重量单位，第七枚硬币的重量约为320克，直径为8.5厘米（精确地说是84毫米）。

到了第八天，泰伦斯从金库中搬出的硬币价值128枚布拉斯，重量也是它们的总和。这枚硬币的重量是640克，直径约10.5厘米。

第九天，泰伦斯搬的硬币重量是256枚布拉斯之和，超过1.25千克，直径约13厘米。

到了第十二天，那枚硬币的重量达到了10.25千克，直径约27厘米。

在这些日子里，皇帝一直亲切地看着自己的统帅，他的高兴溢于言表。因为他计算了一下，泰伦斯已经从金库搬运了12次硬币，但总价值也不过2000多枚铜币。

第十三天，勇敢的泰伦斯搬出了一枚价值4096枚布拉斯的硬币。这枚硬币重量约为20.5千克，直径为34厘米。

第十四天，泰伦斯从金库中搬出的硬币已经非常沉重了，它的重量约有 41 千克，直径差不多有 42 厘米。

“勇敢的泰伦斯，你累不累？”皇帝装出关心的样子问道。

“不累，我的陛下。”统帅擦着头上的汗水回答道。

第十五天时，泰伦斯搬运硬币的过程更加艰难了。他搬着这枚由 16384 枚铜币组成的巨大硬币吃力地走到了皇帝的宝座前。就算对于泰伦斯这位身材高大威猛的战士来说，这枚直径 53 厘米、重 80 千克的硬币也是一个沉重的负担。

第十六天，这位勇敢的战士将硬币扛在了背后，因为太过沉重，他走起路来有些踉踉跄跄。这枚硬币由 32768 枚铜币铸成，重量高达 164 千克，直径也达到 67 厘米。

勇士已经气喘吁吁累到脱力了。而宝座上的皇帝却笑了……

第十七天，泰伦斯出现在皇帝的宫殿中时，围观的人们全都笑出了声。因为他们看到泰伦斯已经抱不动这枚硬币了，他是将其推进来的。这枚硬币的重量相当于 65536 枚铜币的重量之和，有 328 千克重，直径为 84 厘米。

第十八天是泰伦斯为自己争取奖赏的最后一天。在这一天，他最后一次从金库中拿出硬币，也是最后一次进入皇帝的宫殿大厅。这次他搬动的硬币价值131072枚铜币，直径有107厘米，重达655千克。为了将它搬运进宫殿，他用尽了全身所有的力气，甚至将自己的长矛当作杠杆来撬动它。在一声沉闷的巨响中，这枚巨大的硬币终于倒在了皇帝的脚边。

泰伦斯疲惫不堪地站在硬币的旁边。

“我真的搬不动了，这些已经足够了。”他虚弱地说道。

皇帝费了很大的力气才让自己看起来没有那么高兴，但他的心里还是为自己的计策取得圆满成功感到非常满意。他让金库的工作人员去计算一下，看看这十八天来泰伦斯一共搬了价值多少布拉斯的硬币。

工作人员很快计算出了结果，对皇帝说道：

“陛下，英勇的统帅泰伦斯共计获得262143布拉斯的赏金，万分感谢您的慷慨。”

就这样，这位吝啬的皇帝最终给予统帅的赏赐也就到他先前所要求的二十分之一多一点。要知道，泰伦斯提出的要求可是100万第纳里啊！

4. 棋盘的传说

I

国际象棋是世界上最古老的游戏之一。这种游戏已经存在了 2000 多年，由于年代过于久远，一些关于它的传说的真实性便也无从考证了——这也很容易理解。而我接下来要讲的就是一个这样的传说。听这个故事并不需要会下国际象棋，我们只需要明白一点，国际象棋是一种在棋盘上进行的游戏，而棋盘上有 64 个黑白两色的格子。

据传，国际象棋游戏发明于印度。某天，印度的皇帝舍拉姆也接触到了这个游戏。他发现这个游戏中暗藏了大量的技巧和多种多样的布局，不由得赞叹不已。他随即了解到，这个游戏由他的一位臣民发明，便立刻下令召见了这位发明者。他决定亲自赐予这位优秀的发明家一些奖赏。

于是，这位发明家来到了皇帝的面前。他叫塞塔，是一位衣着朴素的学者，以教书为生。

“塞塔，你发明了一项出色而成功的游戏，所以我要赐予你一些奖励。”皇帝说。

塞塔向皇帝鞠了一躬。

“我很富有，不管你的要求多么大胆，我都一定能满足。现在，来说说

你到底有什么要求吧，我一定会让你满意的。”

塞塔还是没有说话。

“别担心，”皇帝还在鼓励他，“说出你的愿望吧，我绝不会吝惜赏赐的。”

“谢谢陛下，您真是位仁慈的君主。但能不能给我一些考虑的时间呢，我需要好好思考一下。明天我再来告诉您我的请求。”

皇帝答应了他的请求。

第二天，塞塔再次来到了皇帝的面前。但他提出的要求实在有些微不足道，这让皇帝不禁大吃一惊。

“陛下，请您在棋盘的第一格赐予我一粒小麦吧。”

“就一粒小麦？”皇帝难以置信地问道。

“没错，陛下。然后在第二格里，请您赐予我 2 粒小麦，第三格 4 粒，第四格 8 粒，第五格 16 粒，第六格 32 粒……”

“够了！”皇帝生气地打断了他的话，“你会获得你所要求的这些可怜的麦粒的：一共 64 个格子，每一个格子里的麦粒数量是前一格的 2 倍。可是，我必须要让你知道，你辜负了我对你的慷慨。你提出这样不值一提的要求是在藐视我的仁慈。你是一名教师，那就更应该在尊重君主方面做出应有的表率。你走吧，我的仆人会将你要求的小麦给你送过去的。”

塞塔带着淡淡的笑容离开了皇宫的大殿，然后坐到皇宫的大门口，等着自己的奖励。

Ⅱ

中午用餐的时候，皇帝又想起了这位发明者，便派人去看看他是否已经领走了他的赏赐。

“回禀陛下，我们正在按您吩咐的做。宫廷里的数学家们正在努力计算塞塔应该得到的粮食数量。”

皇帝的眉毛拧了起来，对于自己的旨意居然执行得如此之慢，他感到很意外。

晚上就寝时，他又问了起来：“塞塔要求的那些麦子是否已经发给了他？”

“陛下，那些数学家们正在废寝忘食地计算着，希望天亮之前能有一个准确的答案。”皇帝的侍从回答道。

“就这么一点小事怎么拖到现在还没做完？”皇帝非常愤怒，“明天早上在我起床之前，所有的麦子都必须交到塞塔手里。别让我说第二遍！”

第二天一大早，皇帝便接到了报告，首席宫廷数学家有非常重要的事情要禀告他。皇帝下令让他进来。

“在你说你的事情之前，”舍拉姆皇帝说道，“我想先知道昨天塞塔要求的那个小小的奖励是否已经发放给他了？”

“陛下，我这么早来见您就是为了这件事情。”老者说道，“我们认真地计算了那位发明者所要求的粮食的数量，但数目实在是太大了……”

“不管多大，”皇帝打断了老者的话，“我不缺粮食。我已经答应了他的要求，就应该做到。”

“可是陛下，您恐怕无法满足他的要求。就算把您所有粮仓中的粮食都加起来，也满足不了他的愿望。整个国家的粮仓加起来也没有这么多粮食。甚至全世界都没有那么多粮食。如果您认为必须履行对他的承诺，那就要请您下令，将我们整个国家的土地全部变为耕地，甚至连海洋里的水也要排干，连遥远荒原上的冰雪也要全都融掉，然后在这些地方全部种上小麦。最后再把这些土地上产出的所有小麦都交给塞塔，这样也许能够满足他的要求。”

皇帝被老者的话惊得目瞪口呆。

“那么，请让我知道这到底是一个什么样的可怕数字吧！”皇帝沉思了一会儿说道。

“一共是18446744073709551615粒粮食。陛下，一个10亿是1000个100万，而一个10000亿又有1000个10亿。”[①]

Ⅲ

这个传说就是这样，不过传说中所说的事情是否真的存在就不能确定了。但传说中提到的那份奖赏的确应该是这样一个数字，有耐心的读者可以试着计算证实一下。因为从第一格的1开始，每个格子的数字依次分别加上1、2、4、8等数字，就是下一格应付粮食的数目。因此，皇帝应该为第64格棋盘支付的粮食数目，就是将2进行63次平方后的结果。按照前章节中讲解过的方法，把最后一个数字乘2再减去1，我们就可以轻松地得知皇帝应付粮食数量的总和。所以要算出这个数字，我们就需要在2的63次方的基础上再乘2，最终需要计算的就是2的64次方（也就是64个2连续相乘）的结果：

$$2\times2\times2\times2\times\cdots \text{（共64个2相乘）}$$

那么，怎样能使计算更简便一些呢？我们可以先将这64个乘数分成六

① 首席数学家说的是科学计数法。这个数字用我们日常的方法表达出来应该是1844亿亿加上6744万亿，再加上73709551615。

组，每组中 10 个乘数，这样分完之后还会剩下 4 个乘数，再将这 4 个算作一组。这样我们可以快速地得出结果：10 个 2 相乘等于 1024，4 个 2 相乘等于 16。也就是说，我们要求解的式子是：

$$1024\times1024\times1024\times1024\times1024\times1024\times16$$

接下来，我们再算出 1024×1024 = 1048576。于是我们要计算的算式又变成了：

$$1048576\times1048576\times1048576\times16$$

将这个算式算出来，得到的结果再减去 1，就是那位发明者应得的粮食总数了。这个数字我们前文也已经提到了：

18446744073709551615

也许这样抽象的数字还不足以让大家想象出这个数字有多么庞大，所以我们再来算一下要容纳这些粮食需要多大的粮仓。已知：每立方米的空间大约可以放 1500 万粒小麦。也就是说，这位发明者应得奖励的体积是 12000000000000 立方米（或者说是 12000 立方千米）。假设粮仓高 4 米，宽 10 米，那么它的长度就要长达 300000000 千米——这个长度可是地球与太阳之间距离的两倍！

Ⅳ

因此，这位印度皇帝显然无法支付这样一笔赏赐。但是相对地，也有办法让他能够免于履行这个不可能完成的约定——他只要让塞塔亲自去清点自己应得的小麦就好了。

如果塞塔真的去数那些麦粒，就算他日以继夜地不停工作，每秒钟数一粒粮食，一昼夜数 86400 粒粮食（1/4 俄斗）[①]，不眠不休地工作 10 天 10 夜也只能数出 100 万粒粮食，这就意味着，单是 1 立方米的小麦他就需要数上大半年。按照这个速度，他数上 10 年，数出的小麦也到不了 100 俄担[②]。更甚至，即使塞塔在他的有生之年中一刻不停地数小麦，他能数出的数目相比于他所要求的赏赐数目也只是九牛一毛而已。

5. 快速繁殖

罂粟[③]的果实成熟以后会充满细小的种子，而每一颗种子都能够长成一棵植物。那么，如果这些种子全部发芽的话，又会长出多少棵罂粟呢？想要知道这个答案，大概就需要认真数数一个罂粟果实里到底有多少颗种子。虽然这个工作非常枯燥乏味，但计算出来的结果却十分有趣，所以我们还是要有点耐心，坚持将这个工作做完。这时我们会发现，一个罂粟的果实里竟然有整整 3000 颗种子！

这个结果意味着什么呢？它代表如果有合适的土壤环境，每一颗种子掉在地上都发了芽，那么第二年的夏天，这片土地上便会有 3000 棵罂粟的植

① 俄斗为旧俄制体积单位，1 俄斗＝ 26.239 升。

② 俄担为旧俄制体积单位，1 俄担＝ 8 俄斗，大约为 210 升。

③ 罂粟：按《中国植物志》特指鸦片罂粟（Papaver somniferum L.）。罂粟不可以随便种植，我国对罂粟种植严加控制，除药用科研外，一律禁植。罂粟壳虽可入药，但罂粟果实中的汁液，干燥后就是“鸦片”。

株生长起来。也就是说，仅仅一棵罂粟的果实，就可以变成一片罂粟地！

在这之后又会发生什么情况呢？这3000棵罂粟植株，假如每一棵都能结出至少一个果实（一般都会结出几个果实），每一个果实中依然有3000颗种子；这些种子又都落地生根，长出新的罂粟，每一个果实的种子又长出了3000棵植株。如此算来，第二年我们就能拥有至少3000×3000＝9000000棵罂粟了。

接下来的计算就简单了，到了第三年，我们最初那一个罂粟果实的后代就将有9000000×3000＝27000000000棵。

而到了第四年，罂粟植株的数目将会变为27000000000×3000＝81000000000000棵。

当第五年到来之时，我们拥有的罂粟已经长满地球上各大洲的土地了。因为那个时候，罂粟植株的数目将会达到81000000000000×3000＝243000000000000000棵。而我们地球上全部大陆和岛屿加起来的面积，也就是地球上的陆地面积一共只有135000000000000平方米。

我们可以看到，如果一个罂粟果实里的种子全部都发芽生长，然后开花结果，那么用不了五年，这个果实的后代就能够覆盖地球上所有的陆地。到时候，每一平方米的土地上就会密密麻麻地生长着2000棵罂粟形成的丛林。一个最平凡的罂粟果实居然隐藏着这么惊人的数字巨人！

其实，即使不是罂粟，换成其他种子少一些的植物，也还是可以得到同样的结论。只不过它的后代覆盖地球表面的速度也许会慢一些，不是在5年内，而是要花费多一些年头。比如蒲公英，一棵蒲公英每年能产出100颗种子，如果这100颗种子都能发芽成活，那么我们能够得到的蒲公英植株的数量就会是以下的情况：

第1年：1棵；

第2年：100棵；

第3年：10000棵；

第4年：1000000棵；

第5年：100000000棵；

第6年：10000000000棵；

第7年：1000000000000棵；

第 8 年：100000000000000 棵；

第 9 年：10000000000000000 棵。

我们可以由此看出，到了第 9 年，蒲公英就会覆盖世界上所有的陆地，到时候，每一平方米将生长着 70 棵蒲公英。

这么惊人的繁殖现象为什么从没有人观察到呢？这是因为在现实生活中，绝大部分的植物种子都死掉了，无法发芽成活——它们或者没有遇到合适的土壤，根本就没有发芽；或者在发芽之后，又被其他植物影响，阻碍了生长；还有的成了动物口中的美食。如果没有这样大规模的死亡，植物的种子肆意生长，那么任何一种植物都有可能在短时间内占领我们整个地球。

事实上，不仅是植物，动物也是一样的情况。如果不是因为死亡的终结，任何一对动物的后代或迟或早也都会遍布地球的每个角落。我们来想象一下，大量的蝗虫成群结队，规模不可小觑，如果不是因为死亡阻碍了它们的繁殖，世界将会变成什么样子？只要二三十年的光景，地球上所有的陆地就会被各种植被覆盖，数以百万计的动物为了争夺陆地生存空间斗争愈演愈烈。在海洋中，鱼类也越来越多，最终占据了整个海洋，船只根本无法航行。而在与人类生存息息相关的空气中也充斥着鸟类与昆虫，变得不再透明……

最后，让我们以苍蝇为例，来感受一下这种繁殖速度有多么可怕。假设每一只苍蝇每次产卵的数量为 120 个，一个夏季中，可以繁衍 7 代。我们把一只母蝇第一次产卵的时间设定为 4 月 15 日，而下一代母蝇在 20 天内就可以长大并再次产卵。在这种情况下，苍蝇的繁殖情况就应该是下面这样的：

4 月 15 日：一只母蝇产卵 120 只；

5 月初：发育出 120 只苍蝇，其中有 60 只为母蝇；

5 月 5 日：60 只母蝇，每只产卵 120 只；

5 月中旬：发育出 60×120 = 7200 只苍蝇，其中有 3600 只为母蝇；

5 月 25 日：3600 只母蝇，每只产卵 120 只；

6 月初：发育出 3600×120 = 432000 只苍蝇，其中有 216000 只为母蝇；

6 月 14 日：216000 只母蝇，每只产卵 120 只；

6 月底：发育出 25920000 只苍蝇，其中有 12960000 只为母蝇；

7 月 5 日：12960000 只母蝇，每只产卵 120 只；

7 月中旬：发育出 1555200000 只苍蝇，其中有 777600000 只为母蝇；

7 月 25 日：发育出 93312000000 只苍蝇，其中有 46656000000 只为母蝇；

8 月 13 日：发育出 5598720000000 只苍蝇，其中有 279936000000 只为母蝇；

9 月 1 日：发育出 33592320000000 只苍蝇。

为了让大家更直观地理解，我们假设要将这些苍蝇全部首尾相连，连成一条直线。如果每一只苍蝇的长度为 7 毫米，那么这条直线的长度就是 2500000000 千米——相当于从地球到太阳的距离的 17 倍（也几乎等同于地球到天王星的距离）——这就是一对苍蝇在没有死亡阻碍的情况下所能繁殖出的后代总数！

6. 免费的午餐

I

十位年轻人想去餐厅聚餐庆祝中学毕业。大家都到达餐厅之后，服务员开始上菜。可是这个时候，他们却因为座次的问题发生了争执。有的人认为应该按姓氏首字母的顺序来安排座位，有的人则认为应该按年龄大小来就座，有的人觉得根据学习成绩来安排比较好，还有一些人觉得按身高来就座更为合理……大家你一言我一语相持不下，直到桌上的菜都凉了，这个问题也没有解决。

最后，还是服务员出面打破了僵局，他说道："年轻的朋友们，大家先不要吵。暂且就近找个位置坐下来，听听我的建议。"

这些学生都坐了下来。服务员继续说道："请你们选出一位代表，牢记住大家现在坐的位置。明天这个时候，请大家再到这里来就餐，但是要换一下座位，到了后天，再换一种新的座次。就这样一直到把所有可能的就座方式都尝试完为止。到什么时候，你们又都重新坐回了今天的座位上，我向大家郑重承诺，到时候我就请大家免费享用一顿丰盛可口的午餐！"

学生们对这个提议非常满意，约好从第二天起每天中午都来这家餐厅聚餐，并且尝试各种不同的座位顺序，希望免费享用美味大餐的日子能够快点到来。

可是，他们并没有等到这一天。倒不是因为服务员不遵守承诺，而是因为座位的排列方式真的太多了，如果计算一下的话，足足有 3628800 种。

我们可以很轻易地算出，每天一种排列方式，大概需要 9942 年才能全部尝试完。想要吃到这顿免费的午餐，需要等待的时间还真是漫长啊……

Ⅱ

大家可能认为，仅仅是 10 个人而已，怎么会有这么多种就座的方式？那我们就来亲自检验一下这个结果是否正确吧。首先我们要明确的是，要怎么来确定座次的变化。我们先做个简单的试验：数数 3 个物体的排列顺序有几种。下面这三个物体，我们分别称其为 A、B、C。

我们需要弄清楚的是，怎样能让它们交换位置。我们试着推断，假如先把 C 单放在一边，另外的 A 和 B 就只有两种摆放方式。

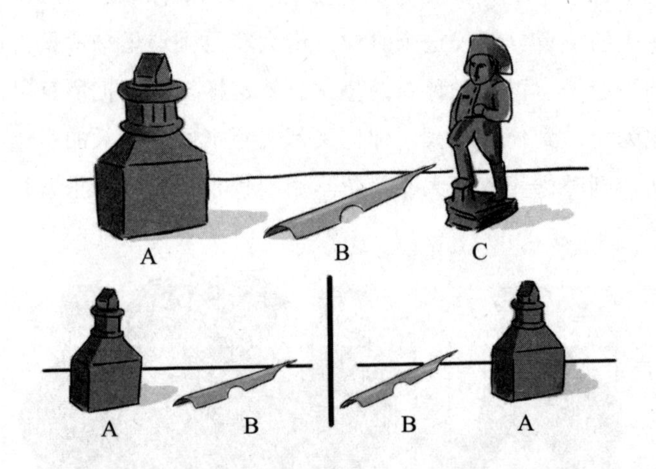

接下来，我们再把 C 分别放进这两个队列中，这时又会有三种方式（如图 2 － 28）：

把 C 放在每一列的末端；

把 C 放在每一列的前端；

把 C 放在每一列的两个物体之间。

很明显，对于物体 C 来说，只可能有这三种摆放方式，不可能再有其他的了。而另外两个物体共有两个队列——AB 和 BA。因此这三个物体的排列方式一共有 2×3 ＝ 6 种。正如下图所示。

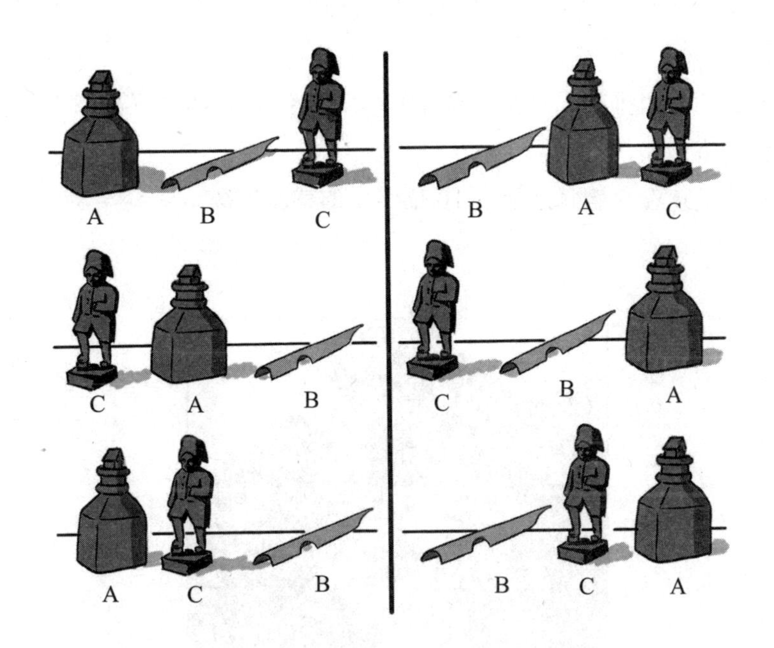

接下来我们来看看 4 个物体的排列方式如何计算。现在假设我们有 4 种东西，分别是 A、B、C、D。像刚才一样，我们先把其中一个——比如 D 拿出来放在一边，然后来计算一下剩下的 A、B、C 共有多少种排列方式。刚刚我们已经算出，三种物体之间共有 6 种排列方式，那么我们现在要考虑的就是，要将 D 放进这 6 个队列中的一列里，又有多少种方法呢？稍微想一下我们就知道，一共有 4 种方法：

将 D 放在每一列的末端；

将 D 放在每一列的前端；

将 D 放在 A 和 B 之间；

将 D 放在 B 和 C 之间。

由此，我们便会得出结论：6×4 ＝ 24 种。

因为 6 ＝ 2×3，而第一个 2 ＝ 1×2，所以刚才这个结果我们可以用一个乘法算式来表示：

$$1\times2\times3\times4=24$$

经过这样的分解，我们便可以发现，如果要进行排列的是5种物体，也可以用相同的方法来计算，5种物体的排列方式一共是$1\times2\times3\times4\times5=120$种。

而6种物体的排列方式就一共有$1\times2\times3\times4\times5\times6=720$种。

以此类推。

那么我们现在来看看之前那10位学生的就座情况。

通过这个方法，我们就能够轻松地知道这10个人所有可能的座位排列方式：

$$1\times2\times3\times4\times5\times6\times7\times8\times9\times10=?$$

计算这个算式得出的结果，正是前面已经给出的答案：3628800。

Ⅲ

如果这10位就餐的学生中有5位女生，而她们又希望能够和男生们交叉就座，计算就会变得更加复杂。虽然这样一来，最终可能出现的座次排列方式会少很多，但想要计算出这个结果却有相当的难度。让我们来试着计算一下。假设其中1位男生随意落座，其余4位男生就座时要保证每两人之间留1个空位给1位女生坐，座位排列方式就一共有$1\times2\times3\times4=24$种。而因为一共有10把椅子，所以第1位男生就有10种就座方式。这说明全部男生可能的就座方式共有 10×24 = 240 种。那么女生坐进这剩余空座位的方式又有多少种呢？显然有 1×2×3×4×5 = 120 种。最后，将可供男生选择的 240 种就座方式与可供女生选择的 120 种就座方式相乘，就能知道一共有多少种座次排列方式了：240×120 = 28800 种。

与之前得出的 10 个人随意落座的可能排列方式相比，这个数字已经小了很多。将这些排列方式全部尝试一遍大约只需要 79 年的时间。如果这些年轻的学生全都能活到 100 岁，那么他们还是有可能等到这顿免费午餐的。不过到那个时候接待他们的，也许就不再是这位服务员本人，而是他的继任者了。

7. 诚实的斯捷普卡

一位商贩去市场上卖坚果。来到市场后，他从马车上搬下几个装满坚果的袋子，然后将马匹赶了回去。这时他突然记起，自己还需要去另外一个地方，并且预计会花费不少时间。可是这些货物又该怎么办呢？丢在这里当然不行，必须要找个人帮忙照看。“可是要找谁来照看呢？怎样能划算一些呢？”这位商贩思考着。

就在这个时候，他看到了一位名叫斯捷普卡的流浪儿。这个男孩子每天都会来市场上做一些零工，比如帮别人推推车，给别人的菜摊摆摆蔬菜，或者替别人打扫打扫卫生——这样就能够挣到一天的饭钱了。大家也都愿意把活儿交给斯捷普卡做，因为他既诚实又机灵。

“斯捷普卡，能帮我照看一阵子坚果吗？”商贩说道。

“需要多久呢？”

“我现在还不太确定，要看情况而定。放心吧，我会付钱的。”

“你会付多少钱呢？”

“你想要多少钱？”商贩警惕地问道，生怕斯捷普卡会狮子大开口。

斯捷普卡思索了一会儿说道：“这样吧，第一个小时，你付我一粒坚果就行。”

“行啊，那第二小时呢？”

“第二小时两粒。”

“没问题，那如果我过了三个小时才回来呢？”

“那就再加 4 粒。如果你过了三个小时还没有回来，那你就要再付我 8 粒坚果作为第四个小时的工钱；第五个小时的工钱是 16 粒；第六个小时……”

“就按你说的办吧，”商贩打断斯捷普卡说道，“用不着说那么多，我听明白了：每小时付给你的坚果数量都是前一个小时的 2 倍对吧。我完全同意。不过，相对地，就算我到晚上都没回来，你也不能擅离职守哟。”

说完，商贩便离开了。他很满意自己找到了这样的看守者：就算自己明天再回来，也只需要付一把坚果而已。

商贩在傍晚时分就已经把事情办完了，可是他一点都不急着回市场。“大晚上的又能有什么生意？有人帮忙看着货物呢，只不过多付一点坚果罢了。”想到这里，他就放心地上床睡觉了。

斯捷普卡还在尽忠职守，老实地守着那些装满坚果的麻袋，已经到晚上了，雇主还没有回来，但他并没有显得很沮丧。市场上的人们陆陆续续地收拾摊位回家了，斯捷普卡仍然信守着承诺。他舒展了一下四肢，在坚果袋旁躺了下来，默默地笑了笑。

第二天一大早，商贩回到了自己的货物旁，却看到斯捷普卡正在把他的坚果搬上一辆小车准备运走。

“喂！你这个浑蛋！你打算把我的货物搬到哪里去？”

“这些坚果曾经是你的东西，不过现在，它们已经是我的了。”斯捷普卡淡定地说道，“难道你不记得我们昨天的约定了？”

“什么约定？我们的约定不应该是你帮我看守货物吗？！但是现在我只看到你要偷走它们！”

“现在你看到的这些东西都是我的，我没有偷走什么。这是我为你看守了一天货物应得的报酬。”

“你只是看守了一天而已，这么多货物怎么可能都变成了你的？你应得的我会付给你，但这些是我的货物，你别乱碰！”

“我现在拿走的就是我应得的，我没有多拿。我还等着您付钱给我呢。”

“我还要付钱？这可真是岂有此理！那么我倒要听听，我还要付给你多少钱？”

“大约还要付目前这些的1000倍那么多吧。你别不相信，我可以算给你听。”

“只不过一天的时间而已，还需要算吗？小家伙，你是不会算账吧？”

看到这里，大家可以评评理，这两个人中到底哪一个不会算账呢？

其实只要稍微算一下就会知道，不会算账的是这位商贩。斯捷普卡的计算完全正确。我们来看看吧！第1个小时，斯捷普卡的工钱是1粒坚果，第2个小时2粒，第3个小时4粒，第4个小时8粒，第5个小时16粒，第6个小时32粒，第7个小时64粒，第八8个小时128粒，第9个小时256粒，第10个小时512粒。

到目前为止，斯捷普卡的工钱加起来不过是1000多粒坚果而已，看起来并不会使商贩破产。可是，接着往下算的话……

第11个小时，商贩应该付给斯捷普卡的坚果数为1024粒；第12小时为2048粒；第13小时为4096粒；第14小时为8192粒；到了第15个小时，这个数字已经达到16384粒。虽然这些数字已经非常巨大，但还不至于达到斯捷普卡所说的上千袋坚果，那么他到底是怎么算出这个数量的呢？我们还是继续算下去。

第16小时：32768粒；

第17小时：65536粒；

第18小时：131072粒；

第 19 小时：262144 粒；

第 20 小时：524288 粒。

以上这些数目加起来就已经达到 100 多万了，但距离一整个昼夜还差四个小时呢！

第 21 小时：1048576 粒；

第 22 小时：2097152 粒；

第 23 小时：4194304 粒；

第 24 小时：8388608 粒。

我们将这 24 个小时的所有数目加起来，得到的结果是 16777215——也就是大约 1700 万粒坚果。所以说，斯捷普卡所说的上千袋坚果确实是非常合理的。

第 3 章　一切皆有可能

1. 纸条游戏

在一间新装修的房间的角落，我发现了一些用过的明信片，和它们堆在一起的，还有一些从墙纸上剪下来的细纸条。我觉得这些垃圾一般的东西大概只能用来烧炉子。可是哥哥却向我证明，即使是这样一些没用的废弃物也不是一无是处——他就用这些玩意儿跟我做了一系列奇妙有趣的智力游戏。

首先，他先从这些细纸条下手，从中挑选了一张大约有三个手掌长的纸条递给我，说道："用剪刀把它剪成三段。"

我听完之后便准备动手，哥哥却又拦住了我："等一下，先听我说完。我是让你一刀将它剪成三段。"

这可就没那么容易了。我尝试了各种方法，越来越觉得这是一道相当困难的题目。最后，我甚至做出了结论：这道题根本就无解。

"你在跟我开玩笑吧。这绝对是不可能的。"我对他说。

"你再好好思考一下，这不仅可能，而且是你应该能想到的。"

"我已经仔细思考过了，这道题根本就没有答案。"

"这你可就错了！来，把剪刀给我。"

我把手中的剪刀和纸条递给哥哥。只见他将纸条对折了一次，然后将折叠后的纸条从中部剪开。纸条当然是变成了三段。

“看到了吗？”

“看到了，可是你把纸条折叠了呀！”

“那你为什么不把它折叠呢？”

“你可没有告诉我纸条还能折叠啊！”

“但我也没有说过纸条不能折叠呀！你就承认你自己没有想出来吧。”

“那你再出一道题吧，我再也不会被你戏弄了。”

“这里还有一张纸条，这次我要让你把它侧立在桌面上。”

“侧立在桌面上……”我略一思考便想通了，纸条可以折叠呀。于是，我将纸条对折了一下，将成为一个角的纸条立在了桌子上。

“没错，真棒！”哥哥夸奖了我一句。

“再来一道题！”

“好！你看着啊，我现在把这几根纸条粘贴一下，它们就变成了一个环。你去拿一支红蓝两色的笔，然后沿着整个纸环的外侧画一条蓝线，再沿着内侧画一条红线。”

“然后呢？”

“画完就好了。”

这可太简单了！

然而，这道我认为手到擒来的简单题目却给我造成了相当大的困扰。我先画了蓝线，但当我完成蓝线打算继续画红线的时候，却发现纸环的内外两侧都画上了蓝线。

“能再给我一个纸环吗？第一个我不小心画错了。”我尴尬地问道。

哥哥又给了我一个纸环，可我依然没能成功。更令我沮丧的是，至此为止我完全没有搞清楚，自己怎么会画着画着就将纸环的两侧都画上了同一颜色的线。

“真令人难以置信！我居然又画错了！请再给我一个。”

“给，别心疼纸啊。”

你们猜猜这次的结果如何？纸环的两侧再次被我都画上了蓝色的线条！

“这么简单的事情你都搞不定呀？”哥哥笑了，对我说道，“看看我怎么画啊，一下子就画好。”

说着，他拿过一个纸环，很顺利地在外侧画上了一圈蓝线，而内侧则画上了一圈红线。

看完他的演示，我又重新拿起一个新的纸环，小心翼翼地沿着纸环的一侧画着线条，努力不让线条画到另一侧。可是，我还是失败了。纸环两侧又都出现了相同的线条！我垂头丧气地看着哥哥，却发现他的脸上挂着狡黠的笑容。我突然觉得，这件事情有些不对劲。

“喂……你笑什么，这难道是……魔术？”我问道。

“对，我在这个纸环上施了魔法，所以它已经不是普通的纸环了。你来试试看，用它做点别的什么事吧——比如说把它剪成两个细一点的纸环。”

“剪就剪，这有什么难的！”

说完我就用剪刀将纸环剪开了。然而，正当我想要把成果拿给哥哥看的时候，却惊讶地发现我手中拿着的并不是两个细纸环，而是一个长长的纸环！

“哎，你的两个细纸环呢？”哥哥嘲笑道。

“你给我一个新的，我再试一次。”

“你还是会剪成这样的。”

我没理他，又剪了一个纸环。这次我并没有像哥哥说的那样重蹈刚才的覆辙，我的手中的确出现了两个纸环。只是，这两个纸环纠缠在了一起，没有办法解开，就好像真的被施了什么魔法一样。

“其实，所谓的魔法很好解释。关键在于，将纸条连接成纸环之前要把其中一端按照下图所示的方式拧一圈再粘贴。”

“只是这样？”

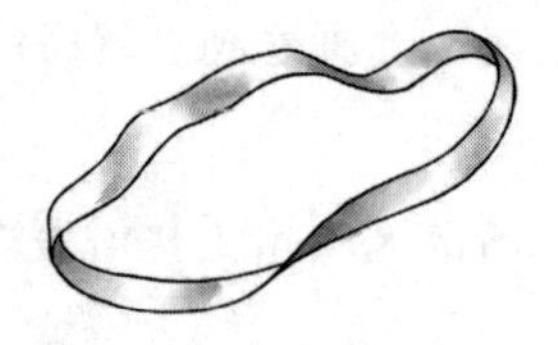

“嗯，你可以试试看。我刚才画线的时候是在普通的纸环上画的。另外，拧纸环的时候如果不是拧了一圈而是拧了两圈，结果会更有趣。”

说完，哥哥又做了这样一个纸环给我看，并把完成的纸环交到我手里。

“你再剪剪这个，看结果会怎么样。”哥哥说道。

我照他的吩咐做了，得到了两个纸环。不过跟刚才的不同，这次的两个纸环是套在一起的。果然非常有趣！

接着，我自己又动手做了三个这样的纸环，然后将它们分别剪成了三对无法分开的套环。

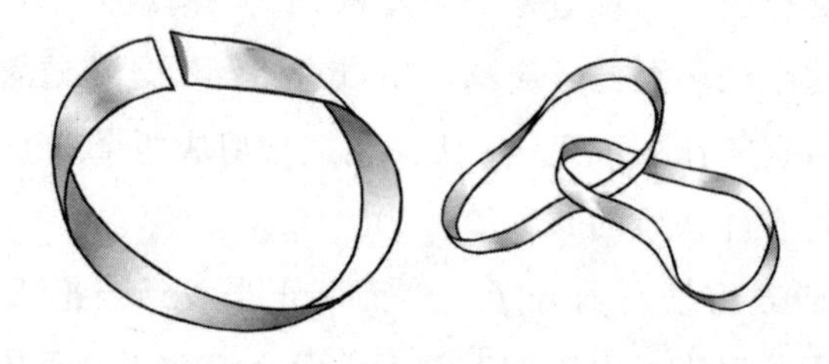

“如果我现在让你把这四对纸环连接成一个链条，你打算怎么做呢？”哥哥问我。

“这个好说，我把每一对纸环中的一个剪开，再把它扣在另外一个纸环上，最后全都粘起来就好了。”

“也就是说，你要剪开三个纸环才能做到？”

“对啊。”我回答道。

“少于三个做得到吗？”

“我们一共有四对纸环啊，只剪开两个纸环的话怎么能把它们都连接起来呢？这不可能啊。”

哥哥没再说话，只是顺手从我手中拿过剪刀，他挑了一对纸环，将其中两个环都剪开，然后用这两个纸环，将其余三对连接了起来——于是，我们便得到了一条由八个纸环组成的链条。这真是出乎意料的简单啊！

“现在，纸条游戏就玩到这里吧。那里好像还有一些没用的明信片吧？我们来开动一下脑筋，想想能用这些明信片做些什么吧。嗯……比方说，你试着在上面剪一个最大的窟窿出来。”

我用剪刀戳穿一张明信片，然后小心地在上面剪出一个长方形的窟窿，剪的时候我尽量靠近边缘，最后只留下一条相当窄的纸边。

“你看，这窟窿一定是最大的了！不可能有比这个更大的！”我把成果展示给哥哥看，对自己的表现非常满意。

但是哥哥却不以为然。

“这个窟窿还真是小啊，也就能放进去一只手吧。”

“难道你还想把你的头放进去吗？”我讽刺他说。

“不，我希望它大到我整个人都能轻松穿过，那还差不多。”

“哈哈哈哈！就用这明信片？能剪出一个比它本身还要大的窟窿？”

“没错，要比这明信片大多了。”

“这你可要弄笑话了。不可能的事情无论怎样都不会发生的。”

哥哥径自拿起剪刀。我将信将疑地盯着他的手。他把明信片对折起来，用铅笔在两个长边的上下方各画下一条线，接着从 A 点向上剪了一刀，一直剪到上面那条线，再紧挨着这条线，从上面往下剪一刀，一直剪到下面那条线。

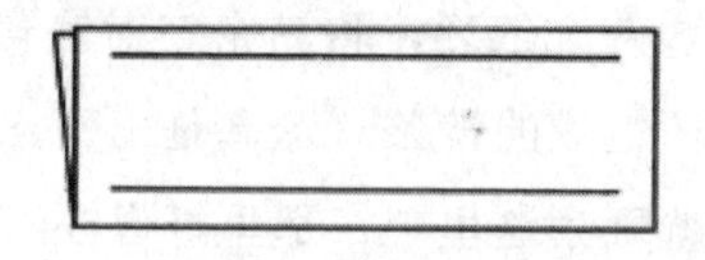

就这样，他一上一下地剪下去，直至剪到B点。然后，他把从A点切口到B点切口之间的纸底边剪去。最后，他轻轻拉了拉明信片。

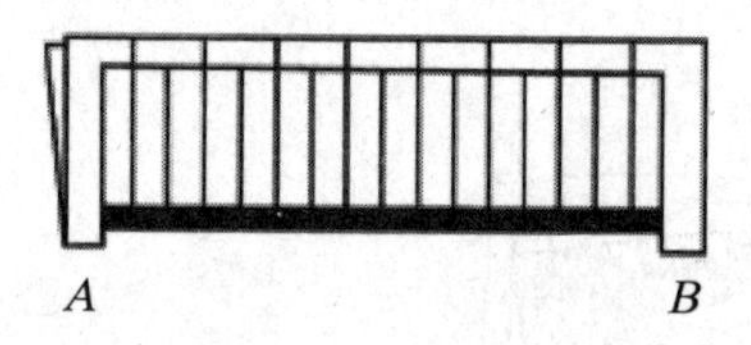

“好啦。”哥哥宣布道。

“哪有什么窟窿？”

“你好好看着。”

哥哥将手中的明信片缓缓拉开。明信片瞬间变成了一个长长的纸链。哥哥将这个纸链套向我，它很轻易地套过了我的脑袋，折线状的纸链一下子就落在了我的脚边。

“怎么样，这是不是一下子就能套过你的大窟窿？”

“就算是套咱们两个人都绰绰有余！”我忍不住惊叹道。

哥哥的魔术表演到此结束了，不过他向我许诺，第二天再给我表演新魔术——不过到时候的道具就不再是纸，而是硬币了。

2. 硬币游戏

“昨天你答应要给我表演硬币魔术的。”早餐的时候我提醒哥哥。

“一大早就玩魔术？唔……也好，那你给我拿一个空碗过来。”

我拿来了空碗，哥哥往里边放了一枚硬币。

“现在，你往碗里看看，你不要改变位置，也不要把身体往前倾。能看到硬币吗？”

“能。”

听我说完，哥哥把碗稍稍挪动了一下。

“那现在呢？”

“只能看到硬币的边缘了，大部分都被碗遮住了。”

哥哥又把碗轻轻地移开了一些，直到我完全看不到碗里的硬币为止。

“别乱动，坐好。现在我给碗里加满水，硬币又会怎样呢？”

“我又能看到整个硬币了！不过它和碗底好像都往上方升高了一点，这是因为什么呢？”

哥哥拿来笔和纸，画出了那个装有硬币的碗给我解释，我一下就明白了。当硬币放在空碗碗底时，它反射出的所有光线都无法传到我的眼中——

这是因为光总是沿直线传播的，而我和硬币之间被不透明的碗壁阻隔了，所以我无法看到硬币。而碗里加满水之后，情况就不一样了：光线从水中进入空气时发生了弯折[①]，于是越过了碗壁进入了我的眼睛。而由于“光沿直线传播”的原理在我们心中根深蒂固，所以我们就会下意识地认为硬币在比实际位置更高的地方。也就是说，我们是将折射后的光线沿着意识中的直线反向看过去的，因此会觉得碗底和硬币都升高了。

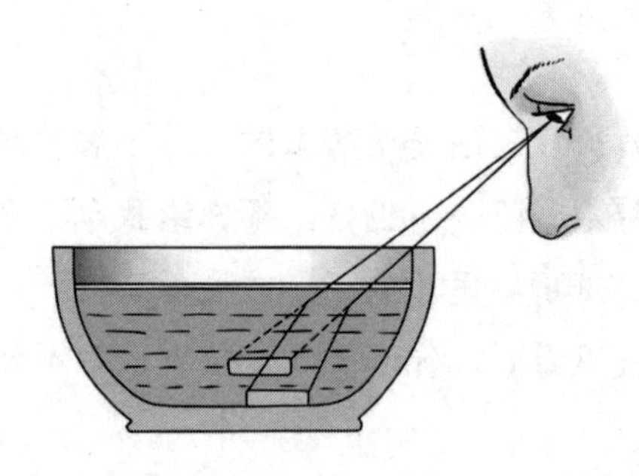

“你游泳的时候也会出现这种情况。”哥哥继续说道，“你永远都要记得，你在岸边认为一眼就能看到底的清浅水潭实际上要比你所认为的深得多，你看到的水底一定高于它实际的位置，而且要高得多——几乎是整个水深的四分之一。如果实际水深是 1 米，那么你会感觉它只有 75 厘米。正因为如此，孩子们游泳时才比较容易发生事故，因为他们缺乏经验，无法正确估计水的深度。”

“以前划船的时候，我曾经注意到一个问题。我们的小船在清澈见底的水面行驶时，我会觉得船的正下方是附近水域中最深的地方，而船周围的水域似乎会浅很多。但是随着船的移动，深水处仿佛也会移动，即使到达另外一个地方，我也还是会觉得船正下方的水最深，周围的水比较浅。深水处好像一直在追随着我们的小船一般。这是为什么呢？”

“其实现在的你应该很容易理解这种现象了。重点就是，深水处位于船的正下方，我们在船上看到的从这里发出来的光几乎是垂直射出的，相比周围其他水域射出的光线，深水处射出的光线所发生的偏折幅度要小很多。

① 光从一种透明介质斜射入另一种透明介质时，传播方向一般会发生变化，这种现象叫光的折射。

因此，射出倾斜光线的周围水域的水底看起来便会高一些，水也就感觉浅一些；而船正下方光线垂直射出的水域，看起来则要深一些。我们也就容易误以为水的最深处总是位于船底下方了，但实际上水底原本可能就是平的……我再来给你出一道题吧！我这里有 11 枚硬币，你能不能把它们放到 10 个盘子里？要注意，每个盘子中只放 1 枚硬币。”

“这也是一道物理题吗？”

“不，这是心理学实验题。你动手吧！”

“把 11 枚硬币放进 10 个盘子，每个盘子只能放 1 枚硬币……不行，我觉得我做不到。”我立刻就放弃了。

“你来动手，我帮你。先把第一枚硬币放进第一个盘子，然后把第十一枚也暂时放进去。”

我听话地将两枚硬币放进了第一个盘子，疑惑地猜测着接下来会怎样。

“两枚都放好了吗？好。再把第三枚硬币放进第二个盘子，第四枚放进第三个盘子，第五枚放进第四个盘子……以此类推。”

按照哥哥说的做完之后，我惊讶地发现，当我把第十枚硬币放进第九个盘子后，第十个盘子居然还是空的。

“现在我们再来把刚开始暂放在第一个盘子中的第十一枚硬币，放到这个空盘子里。”哥哥一边说着，一边将第一个盘子中多余的那枚硬币取出来，放在第十个盘子中。

于是，现在 11 枚硬币都放进了 10 个盘子中，而且确实是每个盘子中只有 1 枚硬币……这太令人难以置信了！

但是哥哥并没有给我做任何解释，他飞速地将所有硬币都收了起来。

“你应该试着自己思考，这比我告诉你现成答案要有趣得多，而且对你更有好处。”

他无视我的请求，给我布置了新的任务。

“这里有 6 枚硬币，我现在要你把它们排成 3 列，而每列中要有 3 枚硬币。”

“可这需要有 9 枚硬币才能做到。”

“用 9 枚硬币的话，那就谁都能做到了。你现在只能用 6 枚硬币来完成这个任务。”

“你是不是又在跟我开什么莫名其妙的玩笑？”

“你不应该太轻易认输！你看看，这其实很简单。”

接着，他便按下图的方式将6枚硬币排列成了他所说的那样。

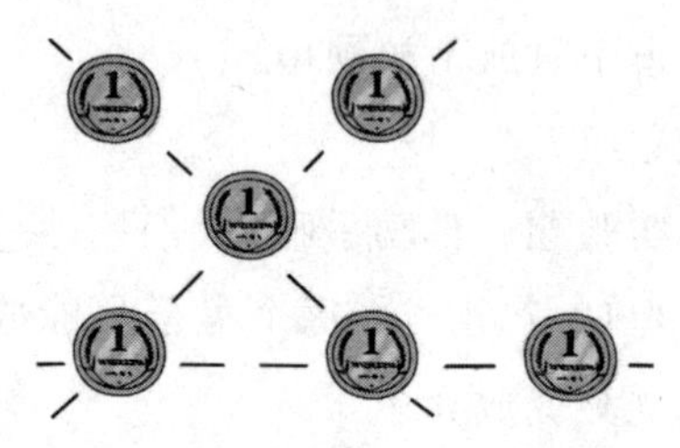

将6枚硬币排成三列，每列中有3枚硬币（方法一）

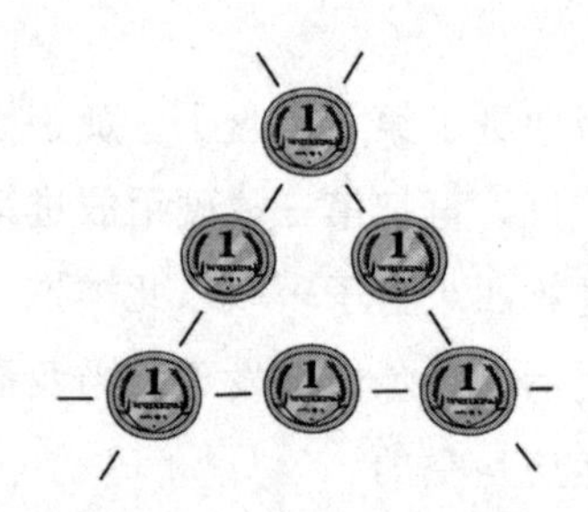

将6枚硬币排成三列，每列中有3枚硬币（方法二）

“这就是我所说的排成3列，每列中有3枚硬币。”哥哥对我解释道。

“但这3列都交叉了！”

“那又怎样，有规定说它们不能交叉吗？”

“可是如果我早知道可以这样，我也能想出来的。”

“那么你一会儿慢慢想吧，看看还有什么其他方法能达到这个目的。不过不是现在，等你什么时候有空了再想。接下来你还有三个同样性质的问题要解决。第一题，你要将9枚硬币排成10列，每列3枚；第二题，你要将10枚硬币排成5列，每列4枚；第三题，我画了一个大正方形，里面有36个小正方形，你需要往里面放18枚硬币，每个小正方形中只能放1枚，最后要让每一横行和每一纵列上都有3枚硬币……要不这样吧，我先用硬币跟你做一个好玩的游戏。”

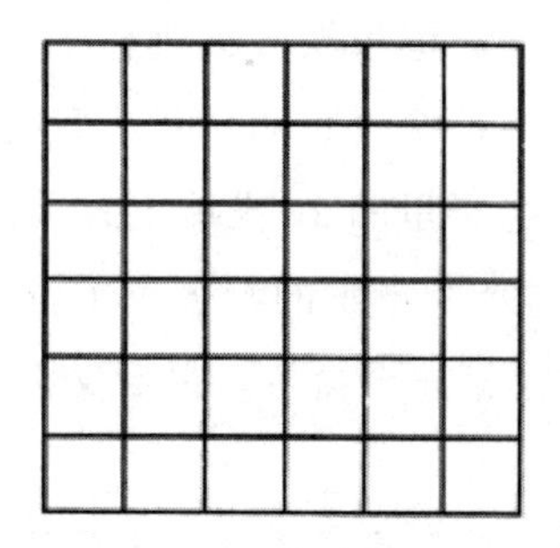

说着，哥哥在自己面前摆了三个盘子，然后往第一个盘子中放进一摞硬币：最下面的是1卢布，往上依次是50戈比、20戈比、15戈比，最上面是10戈比。

“现在，我要来公布游戏规则了，我们的目标是将这摞硬币移到第三个盘子里，在这个过程中有三个规则：第一，每次只能移动一枚硬币；第二，大面值硬币不可以放在小面值硬币之上；第三，在遵守前两个规则的情况下，可以将硬币暂时放进第二个盘子中。游戏结束之后，所有的硬币都应该在第三个盘子中，而且排列顺序与第一个盘子中的一样。规则是不是很简单？现在你就来试试吧。”

听完哥哥的解释，我便开始搬硬币。我先把10戈比的硬币放进第三个盘子，15戈比的硬币放进第二个盘子，然后就陷入了沉思：20戈比的该放到哪里呢？它比10戈比和15戈比的面值都大啊。

“怎么了？”哥哥看我眉头紧锁，过来给我解围，“你可以把10戈比放在第二个盘子里的15戈比上面呀，这样不就能把20戈比放进第三个盘子了吗？”

我按照他的建议执行了。但很快又被难住了，这50戈比又该放哪里？不过这次我有了一些经验，很快就想明白了：我先把10戈比放回第一个盘子里，15戈比放在第三个盘子里的20戈比上方，10戈比再放在15戈比上。于是50戈比就能放在第二个空下来的盘子里了。如此反复多次，我终于成功地将1卢布的硬币放进了第三个盘子，最后又将整摞硬币都在第三个盘子中按顺序码放好。

“你一共挪动了多少次？”哥哥先是称赞了我，然后问道。

“我不记得了。”

“那么我们一起来算算吧，搞清楚怎么能用最少的移动次数来达到我们的目标也是一件很有趣的事。我们先思考一个问题，如果这摞硬币不是5枚，而是2枚——15戈比和10戈比的话，一共需要移动几次呢？”

“3次。10戈比放进第二个盘子，15戈比放进第三个盘子，再把10戈比放进第三个盘子。”

“没错。那我们再增加一枚20戈比的硬币。这次需要移动多少次呢？这次我们这么来算：首先，按照规则将面值较小的两枚硬币移到第二个盘子里，我们刚才已经知道了，这需要做3次移动。然后，把20戈比放进第三个盘子——移动1次。最后再将第二个盘子中的两枚硬币放进第三个盘子——这个过程需要移动3次。所以一共是3＋1＋3＝7次。”

“接下来让我来试试，看看搬运四枚硬币需要移动多少次。先把面值较小的三枚硬币转移到第二个盘子里——这需要移动7次；再把50戈比放到第三个盘子里——这需要1次；最后再将第二个盘子中的三枚硬币搬运到第三个盘子里——又是7次。所以一共是7＋1＋7＝15次。”

“不错。那5枚硬币呢？”

“15＋1＋15＝31次！”

“很好，你已经掌握到计算的方法了。不过我还要教给你一个简便的算法。我们刚才算出来的数字是3、7、15、31——发现了吗？它们都是将2做两次或者多次乘法之后再减去1所得到的数字。你看——”

哥哥给我做了如下演示。

$$3 = 2\times2-1$$

$$7 = 2\times2\times2-1$$

$$15 = 2\times2\times2\times2-1$$

$$31 = 2\times2\times2\times2\times2-1$$

“我懂了！这样看起来，需要移动多少枚硬币，也就有多少个 2 相乘，最后再减去 1。现在不管是多少枚硬币组成的硬币堆，我都可以很快地算出要移动它们到第三个盘子需要多少步了。比如要移动 7 枚硬币，就需要 $2\times2\times2\times2\times2\times2\times2-1 = 128-1 = 127$ 次。”

“看来你已经完全理解这个古老的游戏了。你还要记住一个规则：如果硬币的数目是奇数，就要先把第一枚硬币转移到第三个盘子；如果硬币的数目是偶数，就要先转移到第二个盘子。”

“古老的游戏？这不是你自己想出来的游戏吗？”

“不是，我只是套用了一下规则，用硬币代替原先的道具罢了。这个游戏非常古老，似乎发源于印度。关于它还有个有趣的传说呢。相传，巴纳拉斯城有一座寺庙，印度的婆罗门神在这个寺庙中创造了世界，同时制作了三根木棍，这些木棍上镶嵌着钻石，其中一根上还挂了 64 根金环。寺庙的祭司需要夜以继日地将这些金环从一根木棍转移到另一根木棍，必要时利用第三根作为辅助。移动的规则跟我们刚才所做的硬币游戏完全一样：每次只能移动一个金环，而且小金环必须放在大金环的上面，上下顺序不能颠倒。而当 64 个金环全部转移完成的时候，世界也就迎来了末日。”

“哦……这个传说一定不是真的，否则世界早该毁灭了！”

“你是觉得转移 64 个金环不会花太长时间吧？”

“对啊，如果一次转移需要花费 1 秒钟，那一个小时就能做 3600 次呢！”

“所以呢？”

“所以一昼夜差不多就可以转移 100000 次啊，十天就是 1000000 次。100 万次还不够转移这 64 个金环吗？就算转移 1000 个也够了吧。”

“你太天真了！转移 64 个金环要花费整整 500000000000 年呢！”

“怎么可能！转移的次数不就是等于 64 个 2 相乘，也就是……”

“只是‘区区’1844 亿亿多次……”

“你等一下，我得去检验一下这个结果！”

“很好，你去检验吧，我去搞定我自己的事情。”

说完哥哥就离开了，而我则埋头苦算。为了方便，我先把 16 个 2 相乘得出结果 65536，然后将这个数字平方，所得结果再次平方。这个过程十分枯燥，但我很有耐心。终于，我得出了最后的结果：

18446744073709551616

我意识到……哥哥说的是对的……

仿佛得到了鼓舞一般，我开始动手解答哥哥刚才留给我的几个题目。其实认真思考之后，会发现这些题目并没有那么困难，有的甚至称得上简单。比如，将 11 枚硬币放到 10 个盘子里的那道题，真是简单至极：我的确是把第一枚硬币和第十一枚硬币放进了第一个盘子，然后把第三枚放进第二个盘子，以此类推。但第二枚硬币到哪里去了呢？我们从头到尾都没有放它啊！这就是这道题的关键所在了。

而那些排列硬币的题并没有我想象中的那么难，看我解答出来的图便一目了然了。

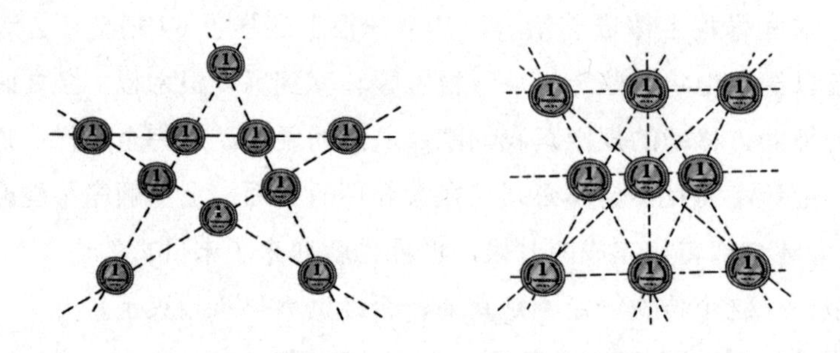

那道将硬币放进小正方形里的题目也被我解答出来了。如下图所示，18 枚硬币全部放进了由 36 个小正方形组成的大正方形里，而且保证每一横行和每一纵列里都有 3 枚硬币。

<table>
<tr><td>●</td><td>●</td><td></td><td></td><td>●</td><td></td></tr>
<tr><td>●</td><td></td><td></td><td></td><td>●</td><td>●</td></tr>
<tr><td></td><td>●</td><td>●</td><td>●</td><td></td><td></td></tr>
<tr><td></td><td></td><td>●</td><td>●</td><td></td><td>●</td></tr>
<tr><td>●</td><td></td><td></td><td>●</td><td></td><td>●</td></tr>
<tr><td></td><td>●</td><td>●</td><td></td><td>●</td><td></td></tr>
</table>

3. 早餐时的猜谜游戏

“昨天我听说了一道很有趣的题目。”吃早餐的时候，哥哥的一位同学来我们家做客，他说道：“题目是这样的：拿一张纸，在上面剪一个 10 戈比硬币那么大的洞，然后要将一枚 50 戈比的硬币从这个洞中穿过去。”他还坚定地补充说：“这绝对是能够做到的。”

“那我们就来试试看这到底能不能做到吧！”哥哥说道。接着，他就翻开了笔记本，一边查找着什么，一边在上面写写算算，然后抬起头说：“没错，这个确实能做到。”

“真的吗？可是这要怎么实现呢？”这位客人疑惑地问道。

“啊，我知道！”我插嘴道，“拿 5 枚 10 戈比的硬币，然后依次将它们穿过这个洞就行啦！这不就是 50 戈比了吗？”

“题目说的不是 50 戈比，而是一枚 50 戈比的硬币。是要把这样一枚硬币穿过那个洞。”哥哥纠正了我。

说完，他从口袋中掏了两枚硬币出来，然后将 10 戈比的那枚压在一张纸上，用铅笔沿着硬币边缘画了个圈，接着用折叠剪刀沿着这个圈剪了一个与 10 戈比硬币大小相同的洞。

“现在，我们就来让 50 戈比的硬币穿过这个小洞。”

我们都睁大眼睛盯着哥哥的手，看着他把剪了小洞的纸片折了起来，而那个小洞因此变成了一道狭长的缝隙。当我们眼睁睁看着那枚 50 戈比的硬币居然真的从这条缝隙中穿过去时，那种惊讶的心情可想而知！

“虽然确实是亲眼看到了，可是我还是搞不懂啊。纸上的那个小洞的周长明明要比 50 戈比硬币的周长小多了！”哥哥的同学忍不住说道。

“你马上就会明白啦。据我所知，10 戈比的硬币直径是 $17\frac{1}{3}$毫米，而硬币的周长——也就是纸上这个洞的周长是硬币直径的 $3\frac{1}{7}$倍，所以这样计算下来，它的周长大于 54 毫米。那么你们想想看，当我让这个洞变成一条缝隙的时候，它的长度应该是多少呢？很简单，差不多就是周长的一半，也就是略大于 27 毫米。而 50 戈比的硬币直径又是多少？不到 27 毫米，所以硬币应该刚好能够穿过这条缝隙。你可能会说，硬币是有厚度的呀。但要知道我用铅笔沿着 10 戈比的硬币画圈时，画出来的圆圈肯定是要比硬币真正的周长大一点的。所以硬币的厚度也就可以忽略了。”

“原来如此！”哥哥的同学恍然大悟，“这么说来，如果我用一个软绳紧紧围绕着 10 戈比硬币系一个圈，再用 50 戈比的硬币穿过这个能变形的软圈是没什么问题的。可是，如果这个圈是不可变形的硬线圈，50 戈比的硬币就无法穿过去了对吧？”

“哥哥，你是把所有硬币的大小都记在心里了吗？”这时，妹妹突然对哥哥说道。

“其实我没有记住所有硬币的大小，只是把一些好记的记下来了。另外的那些我写在了本子上。”

“可是哪个记起来比较简单呢？我觉得都很难记啊。”

“可不是这样哟。3 个 50 戈比的硬币并排放在一起，它们加起来的长度就是 8 厘米。这个难记吗？”

“我倒是没想到还可以这样记。”哥哥的同学说道，“记住了这一点就可以用硬币来测量了。对鲁滨孙之类的人来讲，放一枚 50 戈比的硬币在口袋里可是能帮上大忙的。”

“儒勒・凡尔纳小说里的主角们也会这么做。而且法国的硬币大小和米尺之间还有一种简单易懂的比例关系。对了，还有一点，鲁滨孙他们还能用硬币来称重呢。你们可以试着记一下：1 卢布的硬币重 20 克，50 戈比的硬币重 10 克。”

“1 卢布硬币的体积也是 50 戈比硬币的 2 倍吗？”妹妹问道。

“没错，正好是 2 倍。”

“可是 1 卢布硬币的厚度可不是 50 戈比硬币的 2 倍，直径也不是 2 倍。”妹妹说道。

“如果 1 卢布硬币的厚度做成 50 戈比的 2 倍，体积可就不是它的 2 倍了，而是……”

“我知道，那就变成 4 倍了。”

“不，你搞错了，是 8 倍才对。因为如果 1 卢布硬币的直径是 50 戈比的 2 倍，那就说明它的长度和宽度都是 50 戈比的 2 倍，再加上它的厚度也是 50 戈比的 2 倍，所以体积应该是其 $2\times2\times2=8$ 倍。”

“所以说，如果想让 1 卢布硬币的体积是 50 戈比硬币的 2 倍，它们各体积参数之间的关系就得是——这个比例关系的数字连乘 3 次的结果，等于 2。”哥哥的同学总结道。

“是的，这个比例关系大约是。你们算算，$1\frac{1}{4}\times1\frac{1}{4}\times1\frac{1}{4}$就约等于 2。”

“现实中的情况又如何呢？”

“也是一样的——1 卢布硬币的直径的确是 50 戈比硬币直径的 $1\frac{1}{4}$倍。”

“说到这个，我倒是想起一个故事。主要讲一个人做了个梦，梦到一枚 1000 卢布的硬币，立起来的高度有四层楼房那么高。可是实际上，如果真的有这么一枚硬币，其实还没有一个人高。”

“的确是这样，就像刚才说的那样，它的直径应该是 1 卢布硬币直径的 10 倍，因为 $10\times10\times10=1000$ 啊。这样算下来，把这个硬币立起来也就只有 33 厘米高而已——不过是普通人身高的$\frac{1}{6}$。你说的这个人梦里的 33 米绝对是不可能的。”哥哥说。

“这么说来我们可以得出一个结论：要是有一个人比另一个人高，也比他胖，那第一个人的重量就应该是第二个人的 2 倍。”

“这个结论没错。”

“那按你这么说，巨人的重量又是侏儒重量的多少倍呢？”妹妹发问了，“我想大约是……10 倍左右？”

“不，应该是好几百倍！”哥哥说，“我看过一份资料，里面说有史以来最高的人是一位阿尔萨斯人，他很强壮，身高足足有 275 厘米，比普通人的平均身高要整整多出 1 米。”

“那么侏儒有多高呢？”

“资料上也有显示，一般来讲成年侏儒身高还不到 40 厘米，大约是巨人身高的$\frac{1}{7}$。这也就是说，巨人的重量是侏儒的 $7\times7\times7=343$ 倍”

“原来如此。你能顺便帮我解决一个我平时在生活里遇到的问题吗？”妹妹想了想说道，“我经常见到有大小不同的西瓜，大西瓜的大小是小西瓜

的 $1\frac{1}{4}$，但价格却是小西瓜的 1.5 倍，到底买哪种比较划算呢？”

“你先来试试？”哥哥扭头对我说道。

“大西瓜的价钱是小西瓜的 1.5 倍，但个头却只是小西瓜的 1.25 倍，这么算下来应该是小西瓜更便宜点吧。”

“不对！我们现在讨论的关键在于：当一件物品的长度、厚度和高度都是另外一件物品的 1.25 倍时，它的体积就应该是对方的 2 倍。所以还是买大西瓜更划算，因为它的价格是小西瓜的 1.5 倍，但可以吃的部分却是小西瓜的 2 倍。”

“可是，为什么大西瓜的价格只是小西瓜的 1.5 倍而不是 2 倍呢？”哥哥的同学问道。

“因为店员不懂几何学呀，不过顾客也不懂，所以他们都做不了划算的生意。总之，买大西瓜永远比买小西瓜划算，这是肯定的，因为店员总是会低估大西瓜的真正价值，而顾客也意识不到这点。”

“那么鸡蛋也是买个头大一点的比较划算吗？”

“当然了，买大个儿的鸡蛋更便宜。不过在德国，他们的店员可比我们国家的店员聪明多了，他们会按照重量来卖鸡蛋。所以不会出现我们所说的这种错误估价的情况。”

“我还要问一道题，这道题是别人讲给我听的，很有趣，但是我没能解答出来。”哥哥的同学说，“这道题目说：有一个人问渔夫打了多少鱼，渔夫说：‘$\frac{3}{4}$千克再加上所有捕到的鱼总重量的$\frac{3}{4}$。’问：渔夫一共捕了多少千克的鱼？”

“这个问题其实挺简单。”哥哥说道，“显然，$\frac{3}{4}$千克其实就是所有鱼总重量的$\frac{1}{4}$，所以，$\frac{3}{4}$千克的 4 倍——也就是 3 千克，就是鱼的总重量。我再给你们出一道更有难度的题吧！世界上有没有可能存在一些头发数量完全一样的人呢？”

“这个我知道，所有秃头的人的头发数量都一样。”我抢答道。

“如果我说的不是秃头的人呢？”

“不秃头的人吗？那就不太可能了吧！”

“非但不是那些秃头的人，我还想问得更具体一些：‘在我们莫斯科，有没有头发数量一样多的人呢？’”哥哥认真地问道。

“我觉得就算真的可以找到，也纯属巧合吧。虽然理论上来说确实是有这种可能，但我敢用 1000 卢布打赌，别说是莫斯科，就算放眼全世界也找不到两个头发数量一样的人。”妹妹说道。

“这你可就太轻率了，我奉劝你，就算是用 1 戈比来打赌也不应该。因为这个赌局你注定失败。虽然要找出两个头发数量相同的人的确不是那么容易，但我可以打包票，莫斯科确实存在着几十万对这样的人。”

“你在开什么玩笑！光是莫斯科就有几十万对头发数量一样的人？这怎么可能！”

“我没开玩笑。你先回答我一个问题：是莫斯科的人多，还是人脑袋上的头发多？”

“当然是人多了，可这跟头发数量又有什么关系？”

“你很快就知道两者之间的关系了。因为，如果确定莫斯科的人口数量多于人的头发数量，那么头发的数量就不可能没有重复。有研究显示，人类的平均发量为 20 万根左右，而莫斯科的人口数量是这个数字的 8 倍。

我们假设第一组 20 万莫斯科人的头发数量全部不一样，那么第 200001 个人应该有多少根头发呢？你无法否认，他的头发数量会和前面 20 万人中的某一位相同，因为他的头发不会比 20 万根更多。因此，第二组 20 万人中，每一个人的头发数量都会与第一组 20 万人中的某一个相同。就算莫斯科只有 40 万人，也至少会有 20 万对头发数量相同的人。”

“好吧，我承认是我疏忽了。”妹妹说道。

“我这里还有一道题目。”哥哥继续说，“某条河的两岸各有一座城市，两座城市之间的距离可以这样描述：一艘轮船顺流行驶需要 4 个小时，而逆流行驶则需要 6 个小时。请问你们：如果换成一块木板漂过这段距离需要多少小时？我要把这道题交给你来解答。”哥哥对我说道，“因为你已经学过分数了，应该有能力解答这道题。不过这个你之后再去做，我们现在来做个猜数字的游戏。你们随便想一个数字，先将这个数字乘 9，再从得到的几位数中去掉一位，除了 9 和 0，随便去掉哪一位都行。然后，剩下的一位或者几位数字，你们按照任意顺序念给我听，我就能够猜出你们去掉的那位数字是几。”

我们按哥哥所说的，将剩下来的数字念给他听，他真的立刻就说出了我们去掉的那位数字。

“现在我们再换个游戏。你们想一个数字，然后在它后面加一个 0，再减去这个数字，最后加上 63。怎么样，好了吗？接下来就还是像刚才一样，从所得的结果中随意去掉一位数字，把剩下的数字告诉我。”哥哥没有给我们做任何解释，而是继续讲下去。

我们再次按照他所说的做了，而他也又一次准确地说出了我们每个人去掉的那个数字。

“你们中的哪一位，比如你，”哥哥看着我说道，“随便写一个三位数，不要告诉我——写完了吗？然后在这个数字后面，再重复写下这个三位数，组成一个 6 位数。现在，用这个 6 位数除以 7 看看。”

“说得轻松，除以 7……可能会除不尽吧。”

“不会的，能除尽，没有余数。怎么样，算出来了吗？把结果告诉妹妹。”

的确像哥哥说的那样，这个 6 位数除以 7 真的没有余数。我把写着答案的纸交给了妹妹。

“你再把这个结果除以 11 看看。”哥哥又对妹妹说道。

“还是能除尽对吗？”

“没错。看，的确能除尽吧。还是别给我看结果，继续传给下一个人。”

这一次，哥哥让他的同学将数字除以 13。

“难道说还是没有余数吗？”

“就是这样。你算好了吗？”

哥哥的同学算好了结果，将纸条递给哥哥。而哥哥却连看都没看一眼，转手就将纸条交给了我，同时对我说道："你看看，这就是你最初想到的那个数字吧？"

我打开纸条，发现上面居然真的写着我最开始想到的那个数字……

"这简直太奇妙了！"妹妹叫道。

"其实这只是一种很简单的算术魔术而已。谜底与下一个魔术一样，非常简单。那么现在我们就开始下一个魔术：我能在你们写出三个多位数的其中两个之前，就说出它们三个数字的总和是多少。比如，你来随便写一个五位数。"哥哥对我吩咐道。

我迅速在纸上写下了数字"67834"。哥哥在我写的数字下方空开了一些位置，为了方便写下另外两个加数，然后他画下一条横线，在下面写了他的结果：

（我）67834

（哥哥）167833

"你们再来一个人写下第二个加数，剩下第三个我来写。"

哥哥的同学伸手接过纸和笔，写下了第二个数字：

（我）67834
（哥哥同学）39458

（哥哥）167833

紧接着，哥哥便写下了第三个加数：

（我）67834
（哥哥同学）39458
（哥哥）60541

（哥哥）167833

我们三个检验了这个结果，完全正确！

“你是不是快速地算出了前两个加数的和，然后用最终结果减去了这个数？”

“不是，我还没这么厉害。你们如果不相信，我可以用五个加数来玩这个游戏，而且如果你们愿意，换几个八位数来试试？”

哥哥真的说到做到。我们第二次游戏的图示如下，左侧的罗马数字是各个数字的填写次序：

Ⅰ（我）23479853
Ⅲ（哥哥同学）72342186
Ⅳ（妹妹）58667783
Ⅴ（哥哥）41332216
Ⅵ（哥哥）27657813
――――――――――――
Ⅱ（哥哥）223479851

与刚才一样，我在纸上写下第一个加数的时候，哥哥就准确地写下了最终的结果。

“你们大概还是觉得，是因为我计算能力很强，能快速地计算出这么大的数字的和，然后用最终结果减去这个和，再把得到的数字拆成两个加数吧。其实这个魔术远没有那么复杂，你们只要在空闲的时候好好琢磨琢磨，肯定能够猜出其中的玄机。”

“明天我要坐火车去莫斯科，到时候肯定会很无聊，正好能用这些题目来打发时间。”哥哥的同学说道。

“那我再给你几道题目供你消遣吧。比如……你听说过这个题目吗——用 5 个 2 来得出数字 7。”

“你在开玩笑吧？”

“不是，这就是题目。解释一下吧，就是一个算式，等号左边是 5 个 2，可以单独或者组合出现，搭配上各种运算符号，但只能出现 5 次，最终要使等号右边的结果是 7。我先给你举个例子，你就知道这种题的解答思路了：$2+2+2+\frac{2}{2}=7$。就是这样，这就是用 5 个 2 得出数字 7 的其中一种方法。”

“原来如此，这样的话我也有一种方法：$2\times2\times2-\frac{2}{2}=7$。”

“没错，你已经清楚这个问题的本质了。那现在我再给你出几道类似的题目吧！

用5个2得出28；

用4个2得出23；

用5个3得出100；

用5个1得出100；

用5个5得出100；

用4个9得出100。”

“好的。你不是还会用火柴表演魔术吗，现在能不能再给我们表演一次呢？”哥哥的同学问道。

“没问题，就像上次在你家表演的那样是吗？”

说着，哥哥拿出了8根火柴，将它们随意地摆放在桌子上。然后他对我们说，一会儿他会到隔壁的房间，而在他不在的这段时间里，我们中的随便一人选一根火柴用手碰一下，等再回到这里的时候他会猜出被选中的是哪一根火柴。唯一需要注意的是，选中火柴的时候，只能用手轻轻碰一下——所有人都不能移动火柴的位置，原本是怎么摆放，等他回来也还是那么摆放。

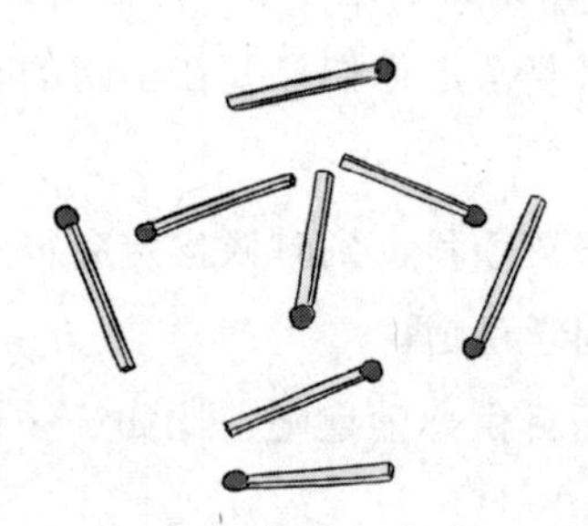

说罢，哥哥便走出了房间。我们关上门，仔细检查了门缝，甚至用纸将锁眼堵得严严实实。妹妹用手碰了一下桌面上的某根火柴。然后我们对着门口喊道：“我们准备好了，你进来吧！”

哥哥很快回来了，他走到桌子前，很轻松地指出了妹妹选中的那根火柴——完全正确！

这个游戏我们玩了十几次，我、妹妹、哥哥的同学都做过选火柴的人，可不管是谁来选，哥哥都能准确地猜出我们选的是哪一根。

我和妹妹完全找不到头绪，而哥哥的同学一会儿大声表示震惊，一会儿又哈哈大笑，我们每个人都迫不及待地想要知道这到底是怎么做到的。

“现在我也该向你们做一下解释了。”哥哥终于大发慈悲了，“请允许我向大家隆重介绍下我忠实的助手，在这个游戏中他可是帮了我大忙。”哥哥指了指他的同学，动作夸张地说道，“其实，我在桌上用火柴摆出来的是他的肖像。虽然不算很像，不过还是能分辨得出来。你们看，这两根是眼睛，这根是额头，两边这两根代表耳朵，中间这根是鼻子，下面是嘴和下巴。每次我进房间都会先看看我的助手，他有时候会用手摸摸下巴，有时候则会眨一下左眼或右眼，有时候还会摸下鼻子。诸如此类的小动作，对我来说已经够了，凭这些我足以猜出你们选中的到底是哪根火柴。”

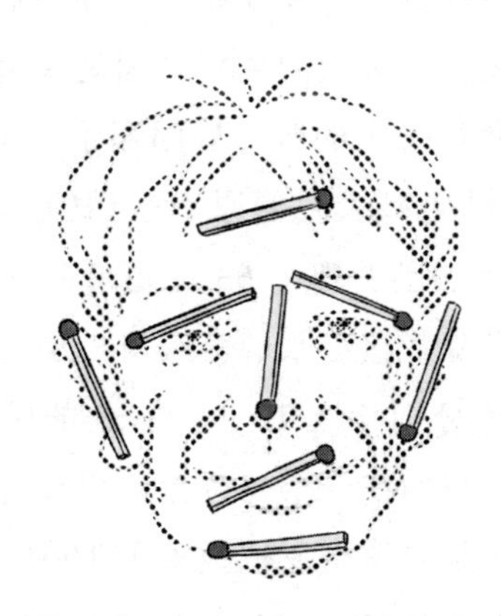

“原来你早就和哥哥串通好了呀！”妹妹笑了出来，对哥哥的同学说道，“早知道我就不让你看着我挑火柴了。”

“要是那样我可真就猜不出来了。”哥哥也笑着承认，“现在我们的早餐时间该结束了，猜了这么久的谜，时间也不早了。”

你大概还是很好奇，哥哥之前给我们的那些题目到底要怎样解答吧？

首先是那个关于轮船和木板的题目。轮船在顺流时行驶完全部距离需要 4 个小时，说明它一个小时可以行驶全部距离的$\frac{1}{4}$；而逆流时，轮船的速度是每小时行驶全部距离的$\frac{1}{6}$。那么，用全部距离的$\frac{1}{4}$减去全部距离的$\frac{1}{6}$，我们就能得到河水在一小时内流过的距离的 2 倍，也就是水流速度的 2 倍。为什么说是2倍呢？这是因为全部距离的$\frac{1}{4}$是轮船自身的速度加上水流速度，而全部距离的$\frac{1}{6}$则是轮船自身的速度减去水流的速度；因此前一个数字就要比后一个数字多出来2个水流速度。这么算来，$\frac{1}{4}-\frac{1}{6}=\frac{1}{12}$，而它的一半就是$\frac{1}{24}$。这意味着，河水每个小时流过的距离就是两个城市之间全部距离的$\frac{1}{24}$，所以，没有自身速度的木板随着河流漂过这整个距离需要24个小时。

而那些去掉一位数字的题目，是有这样一个事实作为前提的：如果一个数字能够被9整除，那么这个数字中各位上的数字之和也一定能够被9整除。在第一个题目中，将我们随意想出的数字乘以9，就可以保证得出的结果中各位上的数字之和能够被9整除。有了这个保证，加上我们给出的其余几位数字，哥哥就能很轻易地判断出要想使各个数字之和被9整除，还需要一个怎样的数字。而在题目中强调要去掉0和9以外的数字，就是因为如果去掉的是这两个数字，并不会影响剩余的数字之和被9整除。

在第二道题目中，我们想出的数字后面添了一个0，其实也就是乘上了一个10，再把所得到的结果减去我们原本想到的这个数字，这就相当于用原本的数字乘以9了。而加上的那个63也是可以被9整除的，所以也不会影响到最后的结果被9整除。接下来的就跟第一道题一样了，自不必细说。

接下来再来说说那个分别除以7、11和13的魔术吧。这个魔术看上去似乎很复杂，实则不然。我们在一个三位数后再重复加上这个三位数本身，组成了一个六位数，其实是将这个三位数乘了1001。比如说：

$$723723 = 723000 + 723 = 723\times1000 + 723 = 723\times1001$$

而$1001 = 7\times11\times13$。答案昭然若揭：当我们把这个6位数再分别除以7、11、13，也就是相当于除以了1001后，自然就得到了最初的那个三位数。

猜总和的那个题目也很简单，只要能发现这一点，问题就会迎刃而解——在第一道题目中，哥哥写下的那个总和，比我写的数字大99999：$167833 - 67834 = 99999$（用一个数字加上99999是很容易的，因为这就等于加上$100000 - 1$）。当他的同学写下39458的时候，哥哥只需要写下一个与39458相加等于99999的数字就好了，要做到这一点非常简单，只要用9减去每一位数字就好。

第二道题目中，哥哥用的方法也类似。不过他写的总和是在第一个写下的数字上加了两个99999999，也就是99999999×2，最后他只要让每个加数的和组成两个99999999就好了。

而最后留给他同学的几个题目答案如下：

$$28 = 22 + 2 + 2 + 2$$

$$23 = 22 + \frac{2}{2}$$

$$100 = 33 \times 3 + \frac{3}{3}$$

$$100 = 111 - 11$$

$$100 = 5 \times 5 \times 5 - 5 \times 5 \text{ 或者 } 100 = (5 + 5 + 5 + 5) \times 5$$

$$100 = 99 + \frac{9}{9}$$

4. 在迷宫中走失

“你看什么书呢？一直在这里哈哈大笑。看到什么有趣的东西了？”哥哥问我。

“特别有趣，是杰罗姆的《三怪客泛舟记》。”[①]

“原来如此，那的确是一本好书。你看到哪里了？”

“说他们一群人在花园迷宫里迷了路，找不到出迷宫的方法。”

“这个故事特别有意思！你念来听听。”

于是，我开始大声地念起了这段在迷宫中迷路的故事。

当我们路过汉普顿宫的时候，哈里斯问我有没有去过那里的迷宫，然后给我讲起了他以前的经历：他曾经进过这座迷宫，是为了给朋友做向导。进迷宫之前，他认真研究过迷宫的地图，迷宫的构造看起来十分简单，因此他认为走出迷宫是一件非常轻松的事情，甚至觉得没必要特地花钱进去。

“如果你真的很想进去，那我就陪你进去吧。”哈里斯对他的朋友说道，“不过我觉得那里并没有什么有趣的东西。这种地方还要被称作‘迷宫’

① 杰罗姆（J. K. Jerome，1859—1927），英国幽默小说家、散文家、戏剧家。杰作《三怪客泛舟记》和《闲人痴想录》奠定了他在世界文坛的独特地位。

真是令人难以置信。我们只要在每次转弯的时候向右转就好，用不了10分钟我们就能出来了。”

他们在迷宫中遇到了很多人。这些人说他们已经在里面转了一个多小时，现在只想赶紧出去。哈里斯说，如果这些人愿意的话可以跟着他走，他刚刚走进这迷宫，只要走一圈就能出去。这群人听后都表示要跟着哈里斯一起走。

随后，他们在路上又遇到一些人，发展到最后，迷宫中所有的人都决定跟着哈里斯一起走。有的人已经在这里困了很久，他们甚至担心自己会走不出迷宫，再也见不到自己的家人朋友。见到哈里斯如此有信心，他们也不禁重新打起精神加入队伍中来，并且都非常感谢哈里斯。哈里斯说，当时有二十几人，其中还包括一位抱着孩子的妇人，她在迷宫中走了一上午都没有找到出口，遇到哈里斯后，她便一直紧紧拉着哈里斯的胳膊，唯恐与他走散。在寻找出口的过程中，哈里斯坚持一直右转，然而路却似乎越走越长。他忍不住对朋友说：“这个迷宫还真是大啊，是全欧洲最大的迷宫吗？”

“好像是这样。”他的朋友回答道，“我觉得咱们已经走了两里地了。”

哈里斯也觉得有点奇怪，但他还是集中了精神继续向前走去。过了一会儿，大家发现地上有一小块蛋糕。哈里斯的朋友说，他刚刚看到过这块蛋糕，就在7分钟前。

“不会的，这怎么可能！”哈里斯反驳道。可是抱着孩子的妇人说：“当然应该看见过，因为这蛋糕就是我在遇到你之前亲手扔在这里的。”这位妇人还说，她真希望压根就没有遇到过哈里斯，因为他一定是个骗子。哈里斯被气得七窍生烟，他掏出地图，想要对大家解释他的道理。

“你连我们现在在哪个位置都不知道，光看地图有什么用？”一个人说道。

哈里斯无法否认这个人的说法，于是他建议大家回到出发点，然后重来一次。对于“重来一次”的提议，所有人都表现得意兴阑珊，但大家都同意先回到出发点再说。于是，大家又都跟随哈里斯向与刚才相反的方向走去。可是过了10分钟，大家发现他们走到了迷宫的中央。

哈里斯原本想要对大家说他是故意这样走的，但看到所有人都已经面露怒容，他只好换了一种说辞，称这只是一个意外。

不管怎样，总要挑一个方向前进。大家觉得既然已经知道自己身处何地，便掏出地图来一起研究。他们觉得这次终于有希望了，于是开始了第三次的探索。

但仅仅过了 3 分钟，他们便再次回到了迷宫的中心。

这下，大家都拒绝与哈里斯同行了。可是就算不跟哈里斯走，他们还是无法走出迷宫。不管他们多么努力，每一次都会回到迷宫的中央。尝试了许多次之后，有的人干脆放弃了，他们就坐在迷宫中央的空地上，等着其他人一次次地无功而返。哈里斯又拿出了地图，想要跟大家讨论，但大家这时已经对这座迷宫忍无可忍，忍不住向他发起火来。

就在大家乱作一团的时候，有人想起了管理员，便提议喊管理员来解救他们。不一会儿，管理员踩着梯子出现在了墙头，他对大家喊话，指挥他们要往哪个方向走。

可是，大家听得一头雾水，没办法按他的话来执行。管理员只好喊道："你们站在那里不要动，我来带你们走。"说着，他跳下了梯子，循声向人群找去。而大家则留在原地等待着他。

但不幸的是，这位管理员很年轻，而且是个新人，他走进迷宫之后没找到那群人自己倒先迷了路。大家能看到他在围墙的另一边奔走着，他也看到了原本需要他来解救的客人们，拼命向他们接近——可是 1 分钟后，他又出现在了刚才的位置，还问客人们为什么要换位置。

最终，这位年轻的管理员也只好和大家一起等待老管理员来救他们出去。

"他们真是不太擅长猜测啊！"我合上书本说道，"手里拿着地图，居然都找不到路，真是奇怪！"

"这么说，你觉得应该很快就能找到出口吗？"

"那当然了，他们手里可是有地图的！"

"那你稍等一下，我手头刚好也有这个迷宫的地图呢！"哥哥一边对我说，一边回身在他的书架上翻找。

"真的有这个迷宫吗？"

“汉普顿迷宫？当然有，就在英国伦敦附近，已经存在两百多年了。啊，我找到平面图了，就是这个——汉普顿迷宫平面图。光看地图的话，这个迷宫不算大，其实满打满算也只有1000平方千米。”

哥哥打开他手中的一本书，里面有一张不算大的地图。

汉普顿迷宫平面图

“现在就来想象一下，你就站在迷宫的中央，要走出迷宫，你会顺着哪条路走呢？为了方便，你用这根削尖的火柴来把要走的路线指给我看吧。”

我从哥哥手里接过火柴，用它在迷宫的平面图上大胆地画出了一条弯弯曲曲的线条。可是事情并不像我想象中的那么简单，在平面图上绕了几圈后，我同那些我嘲笑过的人一样，又回到了迷宫的中心地带！

“可是，从这个平面图来看，这个迷宫应该很简单啊！哪能想到它居然这么令人难以捉摸……”

“其实，有一个很简单的方法。只要用了这个方法，不管是什么样的迷宫都可以放心大胆地进去，绝对都能走得出来。”

“是什么样的方法？”

“进了迷宫以后，就一直沿着右边的墙向前走，或者沿着左边的墙也可以，都一样。”

“这就是你说的办法？”

“对，你试试看啊，按我说的这个小办法重新对着平面图走一圈。”

我用哥哥说的方法，拿着火柴棍在平面图上比画着，很快就走到了迷宫的中心，没一会儿又找到了出口——哥哥说的是真的！

“这方法真是太厉害了！”

“并没有那么厉害。”哥哥反对道，“这个办法仅仅能保证你走得出迷宫而已，但要想把迷宫里所有的路都走一遍的话，这个办法就不一定能做到了。”

“可是我刚才明明已经把所有的路都走过了啊，哪条都没落下。”

“你错啦。不信你可以用虚线把刚才走的路线画一下，你就能知道你有哪条路没走到了。”

“哪一条呢？”

“我给你标出来了，就是平面图上标星号的那里。你看是不是你没有到过的地方？如果你走别的迷宫也用这个方法的话，的确能够保证你走过其中大部分的路，而且最终顺利走出迷宫。可是，你没办法看到迷宫的全貌。”

“有很多迷宫吗？”

如何走迷宫

“当然啦。现在我们看到的迷宫都是在花园和公园之类的地方建造的，都是露天的，用高高的围墙隔开道路，大家在里面主要是散步和娱乐。但在古代，迷宫可不是这么休闲的场所——它们都被修建在宏伟的建筑物或者地下工程里，目的也很残忍，就是让那些进入迷宫的人永远无法走出迷宫。这些人们徘徊在由各种回廊和大厅组成的复杂道路中，直到被饿死。传说希腊的克里特岛上有一座迷宫非常具有传奇色彩。这座迷宫是古时候一个叫作米诺斯的国王下令建造的，可是由于迷宫设计得过于复杂，连它的设计者代达罗斯都找不到迷宫出口了。”

在罗马诗人奥维德的笔下，米诺斯迷宫是这样的：

那个时候，建筑天才代达罗斯修建了一栋宏伟的建筑，里面是一座迷宫。围墙和屋顶将迷宫围得密不透风。这座迷宫看上去并不特别，只有一道道

> 长长的走廊，蜿蜒曲折又四通八达，即使是那些善于探索的人在这些长廊面前也只会觉得眼花缭乱。

诗人还说：“代达罗斯在这座迷宫里修建的道路纷繁复杂，即使是他自己也时常找不到出口在哪里。”

“古代还有一些迷宫，”哥哥继续说，“是用来保护帝王陵墓的。在帝王陵墓四周建造一圈迷宫，这样就算那些盗墓贼能够找到墓中的财宝也逃不出去，帝王陵墓也成了这些盗墓贼的坟墓。”

“他们怎么不用你刚才告诉我的那个方法呢？”

“首先，他们可能并不知道有这个方法。其次，刚才我说过了，用这个方法并不一定能够走遍迷宫里所有的路。万一建造者们正好利用了这一点，将宝藏埋在用这个方法无法走到的地方，盗墓贼不就刚好错过他们想要的东西了吗？”

“那有没有可能建造出一个根本没有出路的迷宫呢？嗯……虽然说用你说的那个办法绝对能走出迷宫，但要是把一个人送进迷宫，让他自己逛一逛……”

“古代很多人都觉得，只要在迷宫里修建出足够复杂的道路，就能完全困住进入其中的人。可是他们错了。后人用数学知识证明了，想要修建没有出口的迷宫是不可能做到的事。不仅如此，只要遵循某些程序，保持小心谨慎，可以走遍任何一个迷宫所有的角落，最终顺利找到出口。大约200年前，法国植物学家图内福尔参观了克里特岛上的一个岩洞。当地有一个传说，这个岩洞里有着难以计数的通道，因此可以称得上是一座‘没有出口的迷宫’。其实克里特岛上有很多这样的岩洞，那个米诺斯迷宫的传说可能也是因此而来的吧。那么话说回来，这位植物学家到底怎样做才能从这座岩洞中顺利走出呢？他的同伴、数学家卢卡斯对此进行了详细的记述。”

哥哥从书架上抽出一本名为《趣味数学》的旧书，为我朗读了其中的片段：

> 我们和同行的一些人走过了许多段地下走廊之后，来到了一条又宽又长的大道上，这条大道直通向岩洞深处的一个大厅。我们沿着这条笔直的

大道走了半个小时，并数着共走了1460步。这条大道旁延伸出许多岔路，一不小心就会误入歧途。不过，由于我们很怕迷路，所以一路上都有留意回去的道路。不仅如此，我们还做了许多准备。

首先，我们在洞口留了一位向导，对他说，如果天黑之前我们仍然没有走出来，就请他马上召集村民前来解救我们。其次，我们每个人都拿着一根火把。再次，我们在所有觉得之后不易辨认的转弯处的墙上都贴了写有编号的纸条。最后，一路行来，我们的一位向导在道路的左边都摆放了事先准备好的小捆树枝，而另一位向导则沿路撒下了随身携带的碎麦秸。

“他们过于谨慎了。”哥哥评价道，“其实没必要这么小心。不过他们那个年代也没有什么别的办法，因为当时关于迷宫的难题还没有被解开。现在，我们已经研究出了走迷宫的正确方法，比图内福尔和卢卡斯的办法简单得多，但一样有效。”

“是什么办法？你知道吗？”

“不是什么复杂的办法。首先，进了迷宫之后，如果没有遇到岔路口或者死胡同就一直沿着路往前走。如果遇上死胡同，就往回走，然后在死胡同的出口放两颗石子，代表这个地方已经走了两次；如果遇上的是岔路口，就沿着其中的一条路随便走，在已经走过和马上要进入的路口都放上石子。第二点，如果走到了刚刚已经走过的岔路口（从路口的小石子可以看出），并且自己是从刚才没有走过的路上过来的，那就立刻往回走，然后在这条路的尽头放两颗石子。最后是第三点，如果你又走到了之前来过一次的岔路口，就再放下一颗石子，然后选择那条从来没有走过的道路继续走。如果所有的道路都已经走过了，就选择一条入口处只有一颗石子的道路（也就是只走过一次的道路）。只要严格按着这三个原则来走，不管怎样的迷宫都能走出去，而且还能走遍迷宫的所有角落。”

5. 十位少先队员的魔术

一天，有十位少先队员一起去郊游。直到傍晚，他们才终于到达了目的地。当准备住宿时，不巧的是，他们入住的旅馆只剩下九张空床位了。“也就是说，我们中有一个人得睡地板了。”他们最终选择用抓阄来决定到底谁睡床上，谁又要睡地上。

这个时候，旅馆的管理员思索着：“难道不能让每一个客人都睡到床上吗？”难以置信的是，他居然真的找到了解决的办法！

“同学们，用不着抓阄！”管理员对少先队员们喊道，“每个人都能睡在床上了！”

“你是说，再给我们找一张床吗？”

“不是。”

“那是要我们两个人睡一张床吗？”

“也不是，每张床上就只睡一个人。”

“这怎么可能呢，十个人睡九张床，每张床上只睡一个人？”

“那就让你们看看，这到底可不可能。请大家照我说的来做。”

于是，管理员开始给这些少先队员分配床位。他让第一个人睡在第一张床上，然后让第十个人暂时也躺在第一张床上。

“稍等两分钟，等我安排好之后，你们都会有自己的床位的。”

管理员将两位少先队员安顿好之后，又开始安排第三个人，他让这个人躺在第二张床上，而第四个人躺在第三张床上，以此类推：

第三个人睡第二张床；

第四个人睡第三张床；

第五个人睡第四张床；

第六个人睡第五张床；

第七个人睡第六张床；

第八个人睡第七张床；

第九个人睡第八张床。

第十位少先队员还躺在第一张床上，管理员把他叫了来，将第九张床分给了他。于是大家每个人都有了自己的床位，谁都没有受到委屈，大家都可以睡个好觉了。

你们是不是觉得很吃惊？这件事太不可思议了对吗？我也觉得相当不同寻常，实在是太奇怪了！可是，有了前面几节的铺垫，也许大家都能猜出这个魔术到底是如何做到的了！

其实很简单：有一个人被忽略了，管理员安排完第一位和第十位少先队员后，便直接跳到了第三位少先队员，第二位少先队员可还没有床呢！

第 4 章　趣味算术题

1. 分别多少岁

【题目】

“老爷爷，能告诉我您的儿子多大了吗？”

“如果我儿子的年龄按周算的话，那么我孙子的年龄就应该按天算。”

“那么您的孙子多大了呢？”

“他的年龄就等于我的年龄按月份算。”

“那么您有多大了呢？”

“我们祖孙三人加起来正好是 100 岁。你能知道我们三人各有多少岁吗？”

【解答】

想要计算出祖孙三人的年龄很简单。按照这位爷爷的说法，儿子的年龄是孙子年龄的 7 倍，而爷爷的年龄又是孙子年龄的 12 倍。所以，我们假设孙子的年龄为 1 岁，儿子的年龄就是 7 岁，爷爷的年龄则是 12 岁。这样算下来，三个人的年龄加起来就是 20 岁。爷爷说他们的实际年龄加起来应该是 100 岁，所以 20 就是实际年龄的$\frac{1}{5}$。因此，孙子的实际年龄应该是 5 岁，儿子是 35 岁，爷爷是 60 岁。最后再检验一次：$5 + 35 + 60 = 100$ 岁。

2. 谁的年纪大

【题目】再过两年，我儿子的年龄会变为两年前他年龄的 2 倍。再过三年，我女儿的年龄会变为三年前她年龄的 3 倍。请问：我的儿子和女儿谁的年纪比较大？

【解答】儿子和女儿的年纪一样大，他们是一对双胞胎。两个人今年都是 6 岁。我们来检验一下这个结果：

$$(6+2)\div(6-2)=2$$

$$(6+3)\div(6-3)=3$$

那么，我们怎么知道他们是 6 岁的呢？其实有一个简单的方法：两年之后，小男孩要比两年前大 4 岁，而题目中又说，两年后他的年龄是两年前的 2 倍，所以他两年前是 4 岁，而现在是 $4+2=6$ 岁，同理，小女孩的年龄也是 6 岁。

3. 有多少兄弟姐妹

【题目】我是男生，我的兄弟和姐妹的数量一样多。而我每个姐妹的兄弟数量都是她的姐妹数量的 2 倍。请问，我们一共有多少兄弟姐妹？

【解答】兄弟姐妹一共七人：我，三个兄弟，三个姐妹。因此，我的兄弟和姐妹的数量一样多。而对于我的姐妹们来说，她们每人都有四个兄弟、两个姐妹，所以兄弟数量是姐妹数量的 2 倍。

4. 吃早餐

【题目】早餐的时候，两位父亲和两个儿子一共吃掉了 3 个鸡蛋，并且每人吃到了 1 个。这该怎么解释？

【解答】很简单，只有 3 个人在吃早餐，而不是许多人以为的 4 个人。

这3个人的身份是：爷爷、爷爷的儿子和孙子。在他们当中，爷爷和他的儿子显然是一对父子，而爷爷的儿子与孙子之间也是一对父子。

5. 蜗牛爬树

【题目】有一只蜗牛想要爬上一棵15米高的大树，每个白天它能向上爬5米，可是到了晚上它又会滑下去4米。请问：这只蜗牛要用多少个昼夜才能爬到大树的顶端呢？

【解答】需要10个昼夜再加1个白天。因为蜗牛相当于每天只能爬1米，10个昼夜后，它爬高了10米。最后一个白天，它会继续往上爬5米，而这个时候它已经到达大树的顶端了（许多人一开始都会回答说需要15个昼夜，但这显然是不对的）。

6. 砍柴工

【题目】有几位砍柴的工人要把一根5米长的木材分割成1米长的柴火。每锯下一段柴火需要花费$1\frac{1}{2}$分钟。请问：他们要用多长时间才能把这整段木材完全锯完？

【解答】也许很多人会快速地回答道：当然是$1\frac{1}{2}\times5=7.5$分钟了。但大家要仔细想想就会发现问题了，锯完最后一次可是会出现两段1米长的柴火的。所以要完成这个任务，将5米长的木材锯成1米长的柴火只需要锯4次就够了，而并非我们最初以为的5次。因此需要花费的时间应该是$1\frac{1}{2}\times4=6$分钟。

7. 节省的时间

【题目】有一位农民要进城里办事。他打算前半段路程坐火车，后半段路程骑牛。火车的速度是步行速度的 15 倍，而骑牛的速度则是步行速度的一半。请问，他乘坐这两种交通工具到达县城比步行节省了多长时间？

【解答】这位农民并没有节省出时间，这种出行方式反而要比步行走完全程慢一些。因为骑牛的速度是步行速度的一半，所以骑牛走完后半段路程就已经花费了步行走完全程的时间。而前半段坐火车也花费了一些时间，这个时间是步行走完前半段所需时间的$\frac{1}{15}$，这样一来，自然要比全程步行慢一些了。

8. 乌鸦和树枝的故事

【题目】

几只乌鸦飞来，
落在树枝之上；
每根树枝之上，
落下一只乌鸦，
就有一只乌鸦，
落单无枝可依；
每根树枝之上，
落下两只乌鸦，
就有一根树枝，
落空无鸦来栖；
共有几只乌鸦？
又有几根树枝？

【解答】这是一道古老的民间题目，想要解开它，我们就需要先想想：如果要做到第二种情况所描述的每根树枝上都落下2只乌鸦而不余树枝，比第一种情况中所描述的每根树枝落1只乌鸦而不缺树枝，需要多几只乌鸦？题目已经告诉我们，每根树枝上落1只乌鸦的话，就会缺1根树枝；而如果每根树枝上落2只乌鸦的话，就需要再来2只乌鸦。也就是说，要达成第二种情况，需要比达成第一种情况多3只乌鸦；而第二种情况中每根树枝上的乌鸦比第一种情况中的多1只。因此我们可以得出，一共有3根树枝。这时，我们让每根树枝上站1只乌鸦，再加上无枝可依的1只，一共就是4只乌鸦。

所以，答案已经有了：总共有4只乌鸦，3根树枝。

9. 各有几个苹果

【题目】A学生对B学生说："要是你把你的苹果给我1个，那我的苹果数量就是你的苹果数量的2倍了。"

B学生则反驳道："这一点都不公平，我看还是你把你的给我1个吧，这样咱俩的苹果数量就一样了。"

那么，这两个学生手中各有多少个苹果呢？

【解答】如果A学生给B学生1个苹果，两个人的苹果数量就会一样多的话，说明A学生的苹果数量比B学生多2个。这样算来，如果是B学生给A学生1个苹果，两个人的苹果数量就相差了4个，而按题目所说，这时A学生的苹果数量是B学生的2倍，因此这时有4个苹果，就有8个苹果。而在这之前，两个人手中原本拥有的苹果数量应该是：

A学生：$8-1=7$个苹果；B学生：$4+1=5$个苹果。

接下来我们来检验一下：如果A学生给B学生一个苹果，那么

$7-1=6$；$5+1=6$。

这个时候两人的苹果数量果然相同。

因此，A学生有7个苹果，B学生有5个苹果。

10. 皮带扣的价钱

【题目】皮带加皮带扣一共卖到 68 戈比，而皮带比皮带扣贵 60 戈比。那么，皮带扣卖多少钱呢？

【解答】乍一看上去，大家可能会直接得出答案：皮带扣卖 8 戈比。但这其实犯了一个错误——只要计算一下就会知道，这样的话皮带就比皮带扣贵 52 戈比了，并非题目要求的 60 戈比。

所以正确的答案应该是：皮带扣只卖 4 戈比。这时皮带的价格就是 68 － 4 ＝ 64 戈比——刚好比皮带扣贵 60 戈比。

11. 架子上有多少玻璃杯

【题目】如下图所示，三排架子上放置着三种尺寸的容器，每排架子上的容器总容积相等。最小的容器中能装 1 只玻璃杯。请问，其他两种尺寸的容器各能够装下多少只玻璃杯呢？

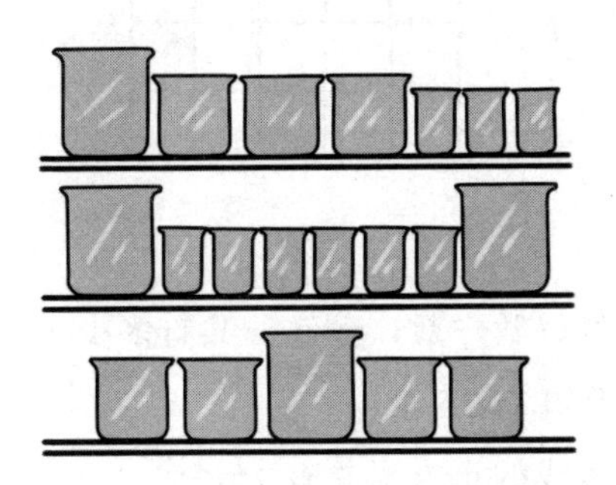

【解答】通过对比第一排架子和第三排架子，我们能够发现两者的区别是：第三排架子上比第一排上多了一个中型容器，但少了 3 个小型容器。由于题目中说每排架子上所有容器的总容积相同，所以我们可以得出：1 个中型容器的容积就等于 3 个小型容器的容积之和。1 个小型容器能装 1 只玻璃杯，所以每个中型容器能够装下 3 只玻璃杯。接下来我们再来将第一排架子上的中型容器全部换算成小型容器，就可以得到 1 个大型容器加上 12 个小型容器。我们把这个结果和第二排架子上的容器做一下对比，很快就能得到答案——一个大型容器能装 6 只玻璃杯。

12. 图中有多少正方形[①]

【题目】下图中一共有多少个正方形呢？你是否会不假思索地脱口而出：25 个！这可就大错特错了。一眼看上去，这个图中的确是有 25 个小正方形，但除此之外，这些小正方形还会组成为数众多的中正方形：它们有的是由 4 个小正方形组成，有的是由 9 个小正方形组成，还有的是由 16 个小正方形组成。而且，最后还有一个最大的正方形，正是由 25 个小正方形组成的，没错，它怎么能不算进去呢？

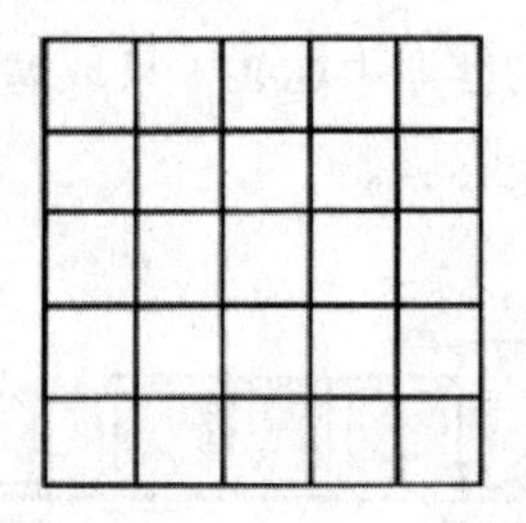

接下来就请大家好好数一数，到底一共有多少个正方形？

【解答】小正方形共有 25 个；

由 4 个小正方形组成的正方形共有 16 个；

由 9 个小正方形组成的正方形共有 9 个；

由 16 个小正方形组成的正方形共有 4 个；

由 25 个小正方形组成的正方形共有 1 个。

共计 55 个。

所以，这个图形中一共有 5 种大小不同的正方形，共计 55 个。

---

① 正方形，是特殊的平行四边形，具有矩形和菱形的全部特性。

13. 一平方米

【题目】阿廖沙头一次听说，1 平方米中居然包含着 100 万个平方毫米！这令他实在有些难以置信。

“怎么可能会有那么多呢？”他一脸惊疑，“我有一张以毫米为单位的方格纸，尺寸刚好就是 1 平方米。但这张纸上怎么可能有 100 万个 1 平方毫米的小方格呢？我才不会相信这种鬼话！”

“那你亲自数一数怎么样？”

于是，阿廖沙真的决定自己数一数，看看到底有多少小方格。

【解答】星期天的早上，阿廖沙很早就起了床，马上便投身于数小方格的工作中去了。他将每一个数过了的小方格认真地做了标记，做一个记号所需的时间是 1 秒钟。工作进行得非常顺利。

阿廖沙专注地数着这些小方格，头都没有抬一下。

请问，大家觉得这个说法是真的吗？阿廖沙究竟能不能在一天内数完这些小方块呢？

这个说法的确是真的。因此，想要在一天之内检验出 1 平方米里是否真的有 100 万个 1 平方毫米的小方格，是不可能完成的事情。就算阿廖沙在这一昼夜的 24 小时中马不停蹄地数，也只能数 86400 个小方格，因为 24 小时就等于 86400 秒。即使不分昼夜废寝忘食地数，阿廖沙也要数上 10 多天；如果每天只数 8 个小时，那就要数一个多月了！

14. 分苹果

【题目】米沙的 6 个小伙伴来家里玩，米沙的爸爸打算拿苹果来招待这些孩子。可是，家里只剩下 5 个苹果了——这让爸爸有些犯愁：他想让每个孩子都能平均地分到苹果，不希望委屈了哪个孩子。看来，只好把这些苹果切开了。但爸爸也不愿意切得太小，他希望每个苹果最多分成 3 块。这可真是个难题：要把 5 个苹果平均分给 6 个人，每个苹果最多切成 3 块。

那么，米沙的爸爸应该怎样切呢？

【解答】应该这样切：先把3个苹果每个对半切开，这样就得到了较大的6块；然后再将剩下的2个苹果每个等分成3块，这样又得到了较小的6块。这样，每个孩子就都可以分到一大一小2块苹果：半个苹果再加上三分之一个苹果——每个人拿到的苹果都一样多。

而且，这种方法也没有让哪个苹果被分成了3块以上。

15. 分蜂蜜

【题目】仓库里有若干桶蜂蜜，其中，7个桶装满了蜂蜜，7个桶只装了半桶蜂蜜，还有7个空桶。这些蜂蜜是3个合作社一起买的，现在需要将这些桶和里面的蜂蜜全部平均分为3份。

请问，如何能在不把任何1只桶里的蜂蜜倒入其他桶的情况下，将桶和蜂蜜平均分配给这3家合作社呢？

如果有人找到了不止一种解答方法，那就说来听听吧。

【解答】根据题目我们可以得知，仓库里一共有21只桶和$7+3\frac{1}{2}=10\frac{1}{2}$桶蜂蜜。因此，每个合作社都应该分到$3\frac{1}{2}$桶蜂蜜和7只桶。要做到这一点，一共有两种方法，见表4-1、表4-2。

表4-1　第一种分配方法

第一个合作社	3只装满蜂蜜的桶 1只装了半桶蜂蜜的桶 3只空桶	共计3桶蜂蜜 7只桶
第二个合作社	2只装满蜂蜜的桶 3只装了半桶蜂蜜的桶 2只空桶	共计3桶蜂蜜 7只桶
第三个合作社	2只装满蜂蜜的桶 3只装了半桶蜂蜜的桶 2只空桶	共计3桶蜂蜜 7只桶

表 4-2　第二种分配方法

第一个合作社	3 只装满蜂蜜的桶 1 只装了半桶蜂蜜的桶 3 只空桶	共计 3 桶蜂蜜 7 只桶
第二个合作社	3 只装满蜂蜜的桶 1 只装了半桶蜂蜜的桶 3 只空桶	共计 3 桶蜂蜜 7 只桶
第三个合作社	1 只装满蜂蜜的桶 5 只装了半桶蜂蜜的桶 1 只空桶	共计 3 桶蜂蜜 7 只桶

16. 买了多少邮票

【题目】有个人去邮局买邮票，一共买了三种，第一种售价 50 戈比，第二种售价 10 戈比，第三种售价 1 戈比，最后，他总共花了 5 卢布买了 100 枚邮票。

请问：三种售价的邮票各买了多少枚？

【解答】这道题的解答方法唯一。

这个人一共买了：

1 枚 50 戈比的邮票；

39 枚 10 戈比的邮票；

60 枚 1 戈比的邮票。

邮票的总数就是：1 ＋ 39 ＋ 60 ＝ 100 枚。

而这些邮票的总价则是：50 ＋ 390 ＋ 60 ＝ 500 戈比，也就是 5 卢布。

17. 米沙的猫

【题目】米沙特别喜欢猫咪，看到路边有无家可归的猫咪就会忍不住将它带回家。现在，他家里已经养了好多只猫咪了，可是因为担心被同学笑话，他从来都不会告诉他们自己到底养了多少只猫咪。一次，一位同学问他：“你到底养了多少只猫咪？”

“不算多！”米沙回答道，“我所养猫咪的数量是猫咪总数的$\frac{3}{4}$，再加上一只猫咪的$\frac{3}{4}$。”

同学们听完之后都以为米沙是在跟他们开玩笑。可是米沙却说，这是他给同学们出的题目，解答出这道题，也就知道他究竟养了多少只猫了。大家也来试试看吧！

【解答】稍微思考一下我们就能看出，按照米沙的说法，一只猫咪的$\frac{3}{4}$其实就等于猫咪总数的$\frac{1}{4}$，因此，猫咪的总数就是一只猫咪的$\frac{3}{4}$的 4 倍，也就是 3 只。

我们再来检验一下：猫咪总数的$\frac{3}{4}$也就是$3\times\frac{3}{4}=2\frac{1}{4}$，用猫咪总数相减就是$3-2\frac{1}{4}=\frac{3}{4}$，刚好还剩下一只猫咪的$\frac{3}{4}$。

18. 硬币各有多少枚

【题目】有个人身上共有 42 枚硬币，其中有 1 卢布的，也有 10 戈比的，还有 1 戈比的，加起来的总面值是 4 卢布 65 戈比。

请问：这三种面值的硬币各有多少枚呢？

【解答】答案见表 4-3。

表 4-3　答案汇总

面值	答案 1	答案 2	答案 3	答案 4
1 卢布	1	2	3	4
10 戈比	36	25	14	3
1 戈比	5	15	25	35
硬币总数	42	42	42	42

19. 卖鸡蛋

【题目】有一位农妇在市场上卖鸡蛋。

第一位顾客买走了鸡蛋总数的一半再加上半个鸡蛋，第二位顾客买走了剩下鸡蛋的一半再加上半个鸡蛋，第三位顾客只买了一个鸡蛋。

这时，鸡蛋已经全部卖完了。

请问：农妇一共卖掉了多少个鸡蛋？

【解答】很显然，这位农妇卖的鸡蛋总数是奇数：因为鸡蛋总数的一半只有再加上半个鸡蛋才能成为整数。那么这到底是什么数字呢？我们来倒推一下。第二位顾客买走剩下鸡蛋的一半再加半个鸡蛋以后，农妇还剩下一个鸡蛋。那么也就是说，最后剩下这一个鸡蛋加上第二个顾客买走的半个鸡蛋，刚好等于第一位顾客买完之后所剩鸡蛋的一半。因此我们可以得出：第一位顾客买完之后所剩的鸡蛋数量应该是 $1\frac{1}{2}+1\frac{1}{2}=3$ 个，这个数字再加上半个鸡蛋，就是农妇所卖鸡蛋总数的一半。所以，农妇所卖的鸡蛋总数应该是 $3\frac{1}{2}+3\frac{1}{2}=7$ 个。

20. 怎么被骗了

【题目】有两位农妇在市场上卖鸡蛋，她们每个人各有 30 个鸡蛋。第一位农妇的鸡蛋售价为 2 个鸡蛋 5 戈比，第二位农妇的鸡蛋售价则是 3 个鸡蛋 5 戈比。所有的鸡蛋都卖完以后，两位农妇拦住了一位路人，请他帮忙数数钱——她们不识数。

这位路人接过钱，对她们说："你们两个人，一个按 2 个鸡蛋 5 戈比卖，另一个按 3 个鸡蛋 5 戈比卖。简化一下算法，也就是每 5 个鸡蛋能卖到 10 戈比。你们一共卖了 60 个鸡蛋，这其中有 12 组'5 个鸡蛋'。所以一共应该赚到 120 戈比，也就是 1 卢布 20 戈比。"

说完，路人交给两位农妇 120 戈比，却偷偷将剩下的 5 戈比装进了自己的口袋。

可是，为什么会剩下5戈比呢？

【解答】这位路人故意采用了错误的计算方法。按照这种算法，以每2个鸡蛋卖5戈比和每3个鸡蛋卖5戈比这两种价格出售鸡蛋，两位农妇赚的钱却是一样的——平均每个鸡蛋2戈比。但实际上并不是这样，第一位农妇2个鸡蛋5戈比，相当于卖出了15对鸡蛋；而第二位农妇3个鸡蛋5戈比，相当于卖出了10对鸡蛋。而在她们出售的这些鸡蛋中，价格贵的比价格便宜的数量多，所以平均价格应该高于2戈比。因此她们的实际收入应该是$\frac{30}{2}\times5+\frac{30}{3}\times5=1$卢布25戈比。

21. 敲响时钟

【题目】时钟在3秒之内敲响了3次。那么请问，它敲响7次需要多少秒呢？

【解答】时钟在3秒钟之内敲响3次，意味着3秒钟之内有2个时间段，并且这2个时间段一共持续了3秒钟，所以每个时间段的持续时间就是$1\frac{1}{2}$秒。而时钟敲响7次需要经历6个时间段，因此时钟敲响7次，要用掉$6\times1\frac{1}{2}=9$秒。

22. 小猫咪

【题目】有一家人养了几只母猫，它们的体重都相等。后来，每只母猫都生下了一只小猫。所有猫的体重如下：

4只母猫加上3只小猫，重15千克；
3只母猫加上4只小猫，重13千克。

每一只母猫的体重都一样，每一只小猫的体重也一样，那么请问：每只母猫和小猫的体重各是多少千克？

【解答】我们来思考一下：

4 只母猫加 3 只小猫一共是 15 千克；

3 只母猫加 4 只小猫一共是 13 千克。

也就是说，7 只母猫加上 7 只小猫，体重一共是 28 千克。

因此，1 只母猫加 1 只小猫的体重就是 4 千克；而 4 只母猫加 4 只小猫的体重则应当是 16 千克。

我们来跟题目中的条件做一下比较：

4 只母猫加 3 只小猫一共重 15 千克；

4 只母猫加 4 只小猫一共重 16 千克。

这就说明每只小猫重 1 千克，由此也可以算出，每只母猫重 3 千克。

23. 小魔术练习题

最后，为大家出一道比较有娱乐性质的题目——它是一道习题，但同时又有些像一个魔术。

如下图所示，我们用火柴拼出一个正方形，里面包含有 9 个小方格，然后，我们在每一个小方格里都放上硬币，使每一行每一列上都有 6 个戈比。

1	2	3
2	(3)	1
3	1	2

我要给大家出的题目是：在不移动图中画圈的那枚硬币的情况下，将硬币重新排列，最终使每行每列上仍然有 6 个戈比。

可能许多人都认为这没法做到，但其实只要稍微用点小把戏，这件看似困难的事情就可轻而易举地解决了。大家不用移动画圈的那枚硬币，只要把最下面一行的硬币整个挪到图形的最上方就可以了。禁止移动的硬币没有移动，但图形却确实完成了重新排列。

3	1	2
1	2	3
2	(3)	1

重新排列的硬币

第 5 章　想一想，猜一猜

1. 铁道马车[①]

【题目】三兄弟从剧场出来准备回家。他们走到铁道马车的轨道旁边，打算在马车的第一节车厢进站时跳上去。因为铁道马车的速度较慢，跳进车厢完全没问题。

可是，他们等了很久马车都没有进站，老二和老三都急躁了起来。但大哥劝他们还是再等等。

“没必要这么干站着等吧！”老二说，“我认为我们应该先往前走着，等马车过来的时候，我们再跳进去。这样，等马车赶上我们的时候，我们已经走了一段路了，剩下的路程就缩短了，可以更快到家。”

“要走也不该往前走吧！”老三提出了反对意见，“我觉得应该往回走啊，这样我们可以早一点坐上马车，也就能早一点到家了。”

最终，三个人都坚持己见，便按着自己的想法分头行动了：大哥留在原地等马车，老二往前走，老三往回走。

那么，他们三个人中到底谁会最先到家呢？而谁又是最聪明的那一个呢？

【解答】小弟往回走的时候，迎面碰上了开过来的马车便跳了上去。马车进站的时候，大哥也随即跳了上来。马车继续行驶，追上了往前走的老二，

① 铁道马车是靠马匹牵引车辆、车轮在钢制轨道上滚动行驶的交通运输工具，于 1775 年由英国人约翰·乌特兰发明，此后，铁道马车在欧美的许多城市或城郊盛行起来，并成为 19 世纪中叶西方都市先进与繁华的标志之一。

他便也跳了上来。兄弟三人都跳上了同一节车厢，所以他们会同时到家。

但是，因为大哥只是待在原地等待马车，没有他的兄弟们劳累，所以，他是三兄弟中最聪明的那一个。

2. 谁数得更多

【题目】人行道旁有两个人，他们想数数看在一个小时内会有多少人从他们身边经过。于是，他们一个站在一栋房子前面，另一个则往返于人行道上。

他们两人当中，到底谁数到的行人会多一点呢？

【解答】两个人数到的行人数是一样多的。站在房子前的人可以见到从两个方向走来的行人；而另一个人因为来回走动，当他转回身来时会再一次看到同一批行人，因此他数到的行人是实际遇到的行人的两倍。

3. 热气球落在了哪里

【题目】我们都知道，地球会自西向东自转[①]，一刻都不停歇。那么，我们能不能利用这一点来做一次方便划算的东方旅行呢？比如说，我们乘坐一个热气球升空，并使它停在空中，接下来，只要等着地球自转，就能将我们想去的目的地送到脚下。这时，只要赶紧让气球降落，我们便可以开始愉快地旅行了。这个方法真是简单便捷，只要在空中原地不动就可以去东方旅行——只要注意别错过气球降落的时间就好，不然我们的目的地就会继续向西方驶去，而我们则不得不再等一整天，直到地球自转再次将它送回。这个听上去很美好的旅行方式到底可不可行呢？

【解答】这种旅行方式是无法实现的。因为地球的自转不仅包括它自身，也包括环绕在它周围的大气层。而我们乘坐的热气球也会跟随大气和地球一

① 地球的自转从北极点上空看呈逆时针旋转，从南极点上空看呈顺时针旋转。地球自转是地球的一种重要运动形式，我们知道的昼夜交替、地方时和区时都是因地球自转而产生的。

起转动。这就意味着，对于地球来讲，热气球一直停留在固定的位置。即使没有大气层，地球上所有向上抛起的物体也都会飘浮于抛起处的上空，也就是说，无论热气球在空中飘浮多久，最终还是会落回它升起的地方。

4. 让 3 等于 4

【题目】在桌上摆放 3 根火柴，让你的同学试试把这 3 根火柴拼成数字 4。注意，不能添加任何火柴，也不能将火柴折断。

你的同学能想到到底该怎样做吗？

这道题有一个巧妙的解决方法，那是什么方法呢？

【解答】这是一道消遣用的小题目。解题的关键在于要想明白一点——3 根火柴无论如何也变不成 4 根火柴，但可以拼成罗马数字Ⅳ。这样一来问题就很简单了，用 3 根火柴当然能拼出Ⅳ。用这个方法，我们还可以拿 3 根火柴拼出 6（Ⅵ），或者拿 4 根火柴拼出 7（Ⅶ）等。

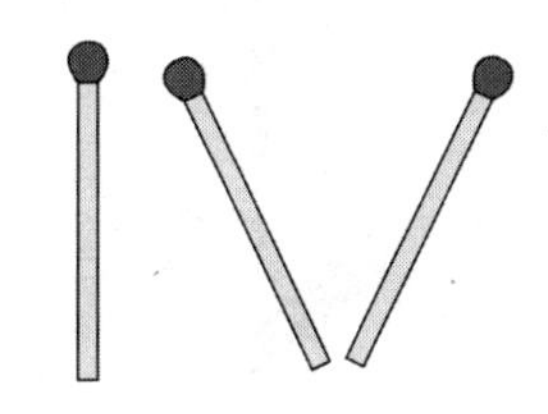

5. 让 3 + 2 = 8

既然你已经做出上一道题了，那么想解开以下这一道题也就不是什么难事了。

【题目】桌上有 3 根火柴，请再增加 2 根火柴，使其变为 8！

【解答】答案如下图所示。

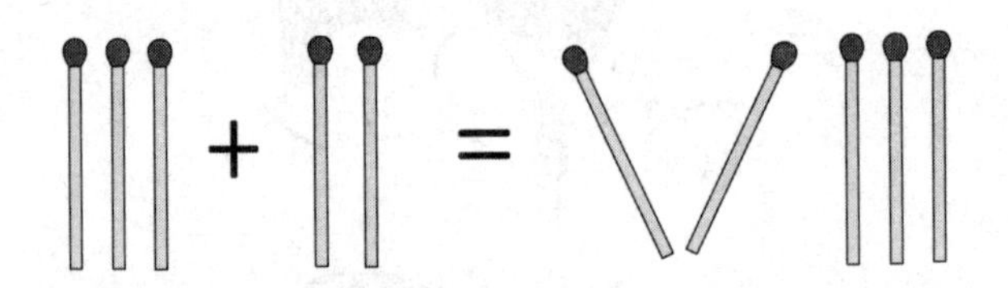

6. 指尖上的铅笔

【题目】请大家尝试一下，能不能让一支铅笔以笔尖那端为支撑点，使其稳当地立在你的指尖之上？所谓的“稳当”，就是说这支铅笔能够站立很长时间，就算拨弄它也不会倒，并且能恢复原样。

这似乎是一个不可能完成的命题，但还是请大家好好想想，也许坚持思考一下就能想出解决的办法了。

【解答】想要使铅笔稳当地立在手指上，需要用折叠刀的刀尖插入铅笔的笔杆，如图中所演示的那样（请务必注意安全）。可能有些人会认为，折叠刀太重了，把它挂在铅笔上，铅笔更无法站稳了。实则不然，大家不如实际测试一下，你会发现铅笔真的站得稳稳当当。

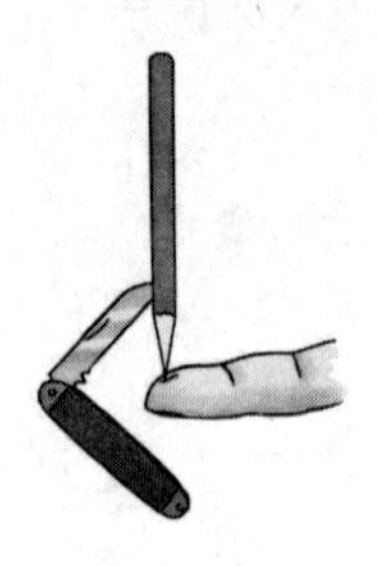

7. 一共下了几局棋

【题目】有三个人，坐在一起下象棋，一共下了三局。请问，他们每个人各下几局呢？

【解答】也许有的人会说，当然是每人各下了一局。但这样回答的人忽略了一点：象棋是两个人的游戏，两个人下完一局之后，这两人中会有一人加入下一局跟第三个人下，如此循环三次。所以他们不可能每人只下了一局。

所以，正确答案应该是每个人各下了两局。

8. 猜手中的硬币数量

【题目】请大家用一只手拿起一枚 2 戈比的硬币，再用另一只手拿起一枚 3 戈比的硬币。不要告诉我到底哪只手拿着哪一枚硬币。接下来，请大家按照我说的方法去做，这样我就可以猜得出你每只手中拿着哪枚硬币：请你将右手中的硬币面值乘以 3，左手中的硬币面值乘以 2，然后将两个结果相加，现在，请你告诉我你得到的结果是奇数还是偶数。

只要告诉我这一点，我就能够准确猜出大家每只手中各拿着哪枚硬币。

比如说，你右手拿着 2 戈比的硬币，左手拿着 3 戈比的硬币，就应该这样计算：

$$(2\times3)+(3\times2)=12$$

所以，你就会告诉我，结果是偶数。

而这个时候我就会马上回答你：你的右手拿着 2 戈比的硬币，左手拿着 3 戈比的硬币。

想知道我是如何做到的吗？

【解答】解答之前我先对大家讲一个数字的特性：任何一个数字乘以 2 都会变为偶数；而偶数乘以 3 还是偶数，奇数乘以 3 还是奇数。不管是两个偶数相加，还是两个奇数相加，结果都会是偶数；但一个偶数加上一个奇数，结果则必然是奇数。大家可以进行一些验证。

知道了这些特性，我们再来看这道题目。只有当 3 戈比乘以 2 时，最终的结果才可能是偶数，因此，只有左手拿着 3 戈比的硬币时，才可能得到偶数结果。那如果右手拿着 3 戈比的硬币呢？这个时候，结果会是奇数。所以，只要告诉我最后结果是奇数还是偶数，我就能立刻知道你手中各拿着哪个面值的硬币。

用其他面值的硬币也能表演这个魔术，比如 2 戈比和 5 戈比，20 戈比和 15 戈比，10 戈比和 15 戈比；所乘的数字也可以变换为其他随便一对数字，比如 5 和 10，2 和 5，等等。

除此之外，还可以用其他道具来表演这个魔术，例如火柴等物品。这时表演者就应该说："请用一只手拿 2 根火柴，另一只手拿 5 根火柴。然后将左手中的火柴数乘以 2，右手中的火柴数乘以 5……"

9. 多米诺骨牌[①]魔术

【题目】下面的这个魔术需要一点技巧，而且并非什么大众化的技巧。

你去告诉你的同学，你只要待在隔壁的房间中，就能猜出他们选了哪张多米诺骨牌。你还可以建议他们蒙上你的眼睛，使这个魔术显得更加可信。接下来魔术就开始了：你的一位同学选出一张多米诺骨牌，然后隔着墙壁向身处隔壁房间的你提问，让你说出他选中的是哪一张骨牌——而你，没有看到骨牌，也没有向其他同学询问，马上便回答出了正确答案。

怎样才能成功表演出来这个魔术呢？

【解答】你只是利用了一种特殊的秘密"电报"而已：这个电报只有你和另一位同学知道，这就是你们之前早已商量好的暗号，具体内容如下：

"我"表示"1"；

① 多米诺骨牌中的物理原理：骨牌竖排时，重心较高，倒下时重心下降，倒下过程中，其重力势能转化为动能。当一张牌倒在第二张牌上，这个动能就转移到第二张牌上，第二张牌将第一张牌转移来的动能和自己倒下过程中由本身具有的重力势能转化来的动能之和，再传到第三张牌上……以此类推，依靠动能骨牌依次倒下。

“你”表示“2”；

“他”“它”表示“3”；

“我们”表示“4”；

“您”表示“5”；

“他们”表示“6”。

下面我们就来说说这些暗号到底应该怎么使用吧！假设你的“卧底”已经选中了某三张多米诺骨牌，他就会用暗号来向你提问：“我们选中了一张骨牌，猜猜看，它是哪一张？”

这个时候，你就会在脑中将这份电报翻译过来：“我们”代表“4”，“它”代表“3”，所以骨牌就是4|3。

如果被选中的骨牌是1|5，你的“卧底”也会挑个合适的时候对你喊话：“我觉得，您这个大概猜不着了！”

在场的所有人都不会知情，他们绝对猜不到他喊的这些话语中竟然隐藏着答案：“我”代表“1”，“您”代表“5”。

如果被选中的骨牌是4|2，你的“卧底”又该说些什么呢？他会说：“没错，现在我们选的这张骨牌，你肯定是猜不到了。”

有的人也许会问，如果遇上白板该怎么表示呢？这个可以用“伙计”来表示。比如，有人选中了0|4的骨牌，“卧底”就要这样对你说：“嘿！伙计，快猜猜看我们选了一张什么牌？”

于是，你立刻就会知道，他是在说0|4。

【题目】关于猜多米诺骨牌我们还有一个方法，这个方法不需要使用什么小伎俩，但是需要进行一定的计算。

首先，请你的一位同学选一张多米诺骨牌，并且藏进他的衣服口袋里。接下来，他只要能做一些简单的计算，并保证结果正确，你就能马上猜出他口袋中装着的到底是什么骨牌。

假设，他口袋中装着的骨牌是6|3。

现在，请这位同学用骨牌的其中一个数字（比如6）乘以2，得：$6\times2=12$。

再加上7，得：$12+7=19$。

然后将这个结果乘以 5，得：19×5 = 95。

最后，他要把这个结果加上骨牌上的另一个数字（这里是 3）：95 + 3 = 98。

这时，他把这个最终的结果告诉你。

而你听到这个数字之后，则要用它减去 35，得到一个数：98 − 35 = 63，这就表示这位同学口袋中的多米诺骨牌是 6|3。

我想一定有人非常疑惑，为什么要这样算呢？最后又为什么要减去一个 35 呢？

【解答】我现在就解释给大家听：实际上，想要知道这两个数字分别是多少，我们可以先将它们变成一个两位数，其中，十位数代表骨牌上的一个数字，个位数代表另一个数字。那么要做到这一点应该怎么做呢？首先，我们在第一步和第三步中先后将第一个数字乘以 2 和 5，其实相当于将其乘了 10。可是，为了不让同学觉察到我们的意图，我们加入了第二步：在乘以 2 之后，先将结果加 7。这样第三步乘以 5 得出的结果中，也就包含了 7×5 = 35 这个迷惑性的数。因此，只要减去 35，就能够得到我们真正需要的那个十位数，也就是第一个数字的 10 倍。最后，再让同学加上骨牌的第二位数字就可以了。现在大家应该就能明白，为什么这样计算一番就能够得到我们想要的骨牌上的数字了吧。

10. 猜数字

【题目】随便想一个数。

加上 1；

乘以 3；

再加上 1；

然后再加上最初的那个数；

告诉我最终的结果。

这时，我会将你告诉我的这个结果减去 4，所得的差除以 4——这样就能够知道你最初想的那个数了。

例如：你想的数是 12。

加上 1 等于 13；

乘 3 等于 39；

再加上 1 等于 40；

再加上最初的数：$40 + 12 = 52$。

你告诉我这个数之后，我将其减去 4，得到结果 48，再除以 4，得到最终结果——也就是你原本想的那个数——12。

为什么会这样呢？

【解答】仔细观察前后两段计算过程，我们就能够发现：你告诉我的最终结果，其实就是最初那个数的 4 倍再加上 4。所以，先将这个结果减去 4，再除以 4，得到的结果也就是你原本想的那个数了。

【题目】任意想一个三位数，不用告诉我是什么数。现在，将它的百位数乘以 2，所得结果加上 5，得到的和再乘以 5，然后再将得到的积加上这个三位数的十位数，所得结果乘以 10，最后，将得到的积加上这个三位数的个位数。你只要把得到的最终结果告诉我，我立刻就能说出你想的是哪个三位数。

举个例子，假设你想的数是 387，那么你的计算过程就应该是：

$$3\times2=6$$

$$6+5=11$$

$$11\times5=55$$

$$55+8=63$$

$$63\times10=630$$

$$630+7=637$$

也就是说，你只要告诉我最后的结果是 637，我就能够猜出你原本想的是哪个数。

我是如何做到的呢？

【解答】如果仔细观察整个计算过程就能发现，我们实际上是将这个三位数的百位数、十位数分别乘了 100 和 10，最后又加上了个位数——虽然过程被设计得看起来有些复杂，还加入了一些迷惑性的数字和计算步骤。

那么就来看看我们是如何做到的吧：

首先看百位数，我们用百位数先后乘以 2、5 和 10，也就相当于将其乘 $2\times5\times10=100$。接下来，十位数也乘以 10，而个位数则没有发生什么变化。然而，整个计算过程中还加入了一个迷惑性的数字 5，在一系列的计算过后，这个数变为了 $5\times5\times10=250$。也就是说，我们最终得到的结果 $637=3\times100+8\times10+7+250$。因此，在你告诉我所得的结果后，我只需要用这个结果减去 250，就能立刻知道你原本想的数是哪一个了。

现在我们就知道如何猜中别人心中所想数字的方法了，要按照上面的计算过程，将最后得到的结果减去 250，就能得到所需要的结果了。

【题目】现在我们再来玩一个猜数字的游戏：仍然是大家默默选定数字，我来猜出它们。

你可以选择0至9中的任何一个数字(“数字”是指0至9等10个，而“数”则有无数个，请不要混淆这两个概念）。好，现在就在心中默选一个数字吧。怎么样，选好了吗？那就将这个数字乘以 5，一定要谨慎，如果出了差错这个游戏可就没法玩下去了。

是否已经将这个数字乘以 5 了呢？好的，将得到的结果乘以 2。完成之后，再把结果加上 7。

算好了的话，再把你所得结果中的第一位数字去掉。

去掉了吗？将结果加上 4，减去 3，再加上 9。

确定每一步都是按照我的要求来做的吗？如果是的话，那么我现在就可以说出你最后得到的结果是什么。

17！你得到的结果就是 17。

怎么样？难道不是这个结果吗？

还想再玩一次？那就来吧！

选好数字了吗？将它乘以 3，得到的结果再乘以 3。现在，再把所得的结果加上你选好的这个数字。

怎么样，好了吗？把得到的和再加上 5，现在，将所得结果中的第一位数字去掉。

去掉了吗？加上7，减去3，再加上6。

现在，要我说出你得到的最终结果吗？答案是15！

我猜得没错吧？如果出现差错，那一定是你的错。肯定是你某个步骤的计算出问题了。

还想再试一次？没问题！

选好数字了吗？将它乘以2，得到的积再乘以2，然后再乘以2；在所得的结果上，加上你选中的这个数字，然后再重复加一次你选中的这个数字。所得的结果加8，再把所得结果中的第一位数字去掉。剩下的结果减去3，再加上7。

这次，你得到的结果是12。

不管玩多少次，我都不会猜错。我是怎么做到的呢？

我还要提醒大家一点，这个游戏是我在这本书出版的几个月之前想到的。这意味着，我在你选定数字之前就已经知道结果了。这说明什么？说明我猜的结果和你选的数字之间没有任何关系。那么，这其中究竟蕴含着怎样的奥秘呢？

【解答】如果你仔细观察我让你进行的这些计算，你或许就会发现一些端倪。在第一个例子中，我让你先将选定的数字乘以5，然后再乘以2，也就是让你将这个数字乘上了10。所有数字乘以10，所得结果的个位数都是0。因此，我再让你加上7。我知道你一定得到了一个两位数，十位数是什么我不知道，但我知道个位数就是7。然后，我就要求你去掉了那个我不知道的十位数。这时你得到了什么结果？当然是7了。我现在已经知道了你得到的结果，但是为了让你无法轻易觉察到我的思路，我狡猾地加了几个计算步骤，让你继续加上7或者减去随便什么数，对你讲的同时，我也在心中默算，并最后告诉你，你得到的结果是17。现在你也看出来了，不管你选定的数字是多少，最终得到的结果都一定是17。

第二个例子中，我换了一种算法。你应该已经明白了。我让你先将选定的数字两次乘3，再加上这个数字本身，这意味着什么？很显然，这就是将你选择的数字乘以10（$3\times3+1=10$）。于是你得到的结果的个位数又变成了0。接着就和第一个例子一样了：先加一个数字，再把我不知道的十位数去掉，然后再随便做一些运算来使你的注意力转移到其他地方。

第三个例子依旧是换汤不换药。我让你将选好的数字三次乘 2，再两次加上这个数字本身，这会得到一个什么样的结果？结果还是将你选定的数字乘以 10（$2\times2\times2+1+1=10$）。接下来的运算就完全跟第一、第二个例子一样了，非常简单。

于是，现在你也可以像我一样，跟你那些没有读过这本书的同学们来玩这个游戏了。说不准你还能发现一些新的玩法，这其实没有大家想象中的那么难。

11. 惊人的记忆力

【题目】有时候，某些魔术师会具有惊人的记忆力：他们能在短时间内记住大量的单词或者数字。但实际上，不止他们，你也能够给同学们表演这样一个魔术，他们也会大吃一惊。

下面我们就来看看到底应该怎么做。

事先准备 50 张小纸片，然后按照表 5-1 在每张纸片上写上一长串数字，并且在纸片左上角标上拉丁字母和数字编号。准备工作做好之后，将这些纸片分发给你的同学们，同时告诉他们，所有卡片上的数字都已经印在了你的脑海中，他们只要说出纸片上的编号，你就能立刻说出这张纸上写着什么数字。比如，如果有人说出“E. 4”，你就能马上回答：“10128224。”

每一张纸条上的数字都很长，而且数量庞大，一共有 50 个。所以你能顺利表演的话，同学们一定都会惊叹于你的记忆力。

但是他们并不知道，其实你根本不用背下这 50 个数字。甚至还要更加简单。那么，这其中到底蕴含了什么玄机呢？

【解答】秘密其实就是：每一张卡片的编号，也就是左上角的字母和数字会直白地告诉你，卡片上写的是哪一串数字。

表 5–1　卡片内容

A. 24020	B. 36030	C. 48040	D. 540050	E. 612060
A.1. 34212	B.1. 46223	C.1. 58234	D.1. 610245	E.1. 712256
A.2. 44404	B.2. 56416	C.2. 68428	D.2. 7104310	E.2. 8124412
A.3. 54616	B.3. 66609	C.3. 786112	D.3. 8106215	E.3. 9126318
A.4. 64828	B.4. 768112	C.4. 888016	D.4. 9108120	E.4. 10128224
A.5. 750310	B.5. 870215	C.5. 990120	D.5. 10110025	E.5. 11130130
A.6. 852412	B.6. 972318	C.6. 1092224	D.6. 11112130	E.6. 12132036
A.7. 954514	B.7. 1074421	C.7. 1194328	D.7. 12114235	E.7. 13134142
A.8. 1056616	B.8. 1176524	C.8. 1296432	D.8. 13116340	E.8. 14136248
A.9. 1158718	B.9. 1278627	C.9. 1398536	D.9. 14118445	E.9. 15138354

你首先需要记住的是：字母“A”代表 20，“B”代表 30，“C”代表 40，“D”代表 50，“E”代表 60。

这样，在每个字母旁边加上一个数字，这个组合编号就可以代表一个数。例如：A. 1. 代表 21，C. 3. 代表 43，E. 5. 代表 65。

接下来，只要遵循一定的规则，你就能利用这些编号代表的数字写出一串很长的数字来。到底是什么样的规则呢，我们来举例说明。

假设有同学喊编号 E. 4，也就是 64。你就可以用 64 来进行下面的运算。

第一步：将这个数包含的两个数字相加：$6+4=10$；

第二步：将这个数乘以 2：$64\times2=128$；

第三步：用这个数包含的两个数字中较大的那个减去较小的那个：$6-4=2$；

第四步：将这个数包含的两个数字相乘：$6\times4=24$。

然后，将这四个结果连缀起来，就会得到一串数字：10128224。

这正是纸片 E. 4. 上写的那串数字。

简单来讲，在这个过程中你需要进行的计算就是：＋、×2、－、×，也就是相加、乘以 2、相减、相乘。

我们再来看几个例子：

请说出编号 D. 3. 的纸片上写的是哪串数字：

$$\text{D.3.}=53$$
$$5+3=8$$
$$53\times2=106$$
$$5-3=2$$
$$5\times3=15$$

因此，结果就是 8106215。

请说出编号 B. 8. 的纸片上写的是哪串数字：

$$\text{B.8.}=38$$
$$3+8=11$$
$$38\times2=76$$
$$8-3=5$$
$$8\times3=24$$

因此，结果是 1176524。

为了不增加记忆的难度，在表演时你可以用我们刚才说的这种方法慢一点说出来每个数字，也可以在黑板上用粉笔边写边说。

观众们很难猜到你用了这种把戏，因为这个魔术的迷惑性太大了。

第 6 章　别具一格的图画

1. 驯兽员在哪儿

【题目】驯兽员的画像就在下面这幅老虎图里，试着把他找出来吧！

【解答】你仔细看着老虎的眼睛，会发现那其实也是驯兽员的眼睛，只是他面朝的方向是老虎的反方向。

2. 哪幅图更长，哪幅图更宽

【题目】下面两幅图中你觉得哪一幅图更长，哪一幅更宽呢？请直接通过目测回答这个问题，不要用纸片或尺子测量哦。

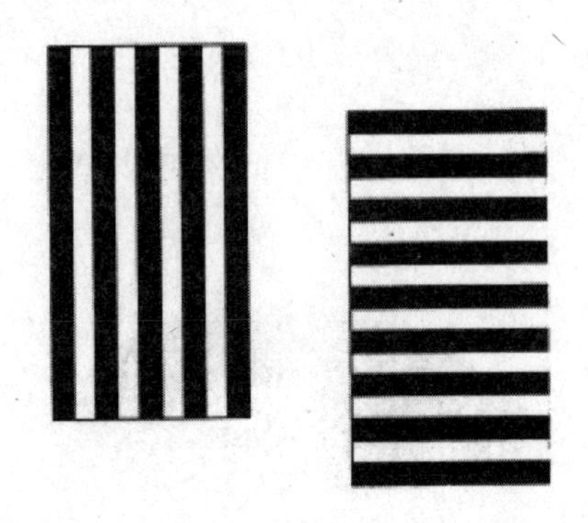

【解答】只用眼睛来判断的话，好像是左边的图比较宽，也比较长。可是，如果用纸片或者尺子测量一下就会发现：原来我们被自己的眼睛欺骗了，因为这两个图形的长度和宽度实际上是一样的。这就是一种“视觉欺骗”。

3. 第一个人比后面两位高多少

【题目】凭目测判断图中三个人的身高，你觉得最前面那个人比后面两位高出了多少呢？

【解答】你在目测完有所判断之后，可以再用一张纸条来测量一次他们三人的身高。结果一定会让你大吃一惊：他们的身高居然完全一样！所以说，这也是一幅视力幻觉图。

4. 图上画的都是哪些物品

【题目】下图中的图形都是照着实物画出来的，但是因为我们在勾画的时候将物品做了一些巧妙的转动，所以想要一眼看出来它们是什么就有点困难了。尽管如此，还是请大家尽量去猜测一下，想想这些到底是些什么物品。

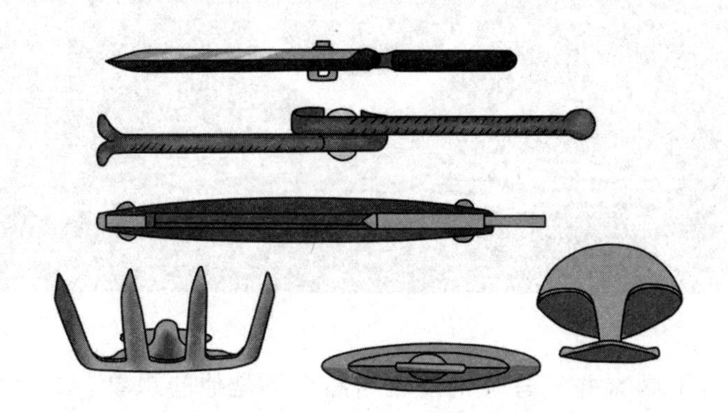

最后，我要给大家一个小提示，这些其实都是我们日常生活中经常见到的东西。

【解答】这些的确都是我们常见的生活用品，不过，我们在绘制图形的时候，选取的都是这些物品的侧面。现在来公布答案吧：最上面的是裁缝剪刀，然后是老虎钳，接着是折叠起来的剃刀。最后一排中，最左边的是除草的草叉，中间的是怀表，最右边的是汤勺。

怎么样，大家猜出来了吗？现在，在知道答案以后再去看这些图，是不是也能看出来了呢？

5. 月亮能漂在海上吗

【题目】下面是一幅海景画：弯弯的月牙居然像一艘小船一样漂浮在海面之上，而不是挂在天上。这会不会是画家的想象呢？现实中真的有这种可能吗？

【解答】画家并没有画错，这当然也不是他的想象。这幅图画画的是在赤道地区能看到的月亮落山时的场景。在赤道地区，月亮落山时的光景与画中所描绘的一模一样。如果你有机会去高加索地区[①]，观察一下，你会发现那里新月的倾斜角度与我们北方地区的不大相同。所以说，画家描绘的就是真实的情况。

① 这里所说的“高加索地区”是指北高加索，也称内高加索，位于俄罗斯的南部。

6. 哪一只脚着地

【题目】下图中所画的这位足球运动员到底是哪只脚着地——左脚还是右脚？

【解答】第一眼看上去，我们会认为他是右脚着地，但其实也可以认为是左脚着地。不管我们怎样仔细观察，却还是无法确定着地的到底是哪一只脚。因为画家在作画的时候将两腿之间的差别做了巧妙的模糊处理，这个处理让大家无法判断出运动员到底是哪只脚着地。可能有的人会追根究底：着地的到底是哪只脚呢？但很可惜，我也不知道答案，就连画家也已经忘记了他当初画图的时候画的是哪只脚着地——因此这个问题就变成了一个未解之谜。

7. 看似简单

【题目】请认真观察下图，尽量将它印在你的脑海中，然后再凭借记忆将其重现在纸上。

【解答】我在图中标出了两条曲线相交的四个点。在画第一条曲线的时候，大家大概还是很有信心的。那么好，接下来是第二条！哦不……线条怎么突然变得这么桀骜不驯，怎么都画不出来了？！所以说，有些事情实际做起来可不像看上去的那么轻松。

8. 你能一笔画出吗

【题目】你能一笔就画出一个有两条对角线的正方形吗？

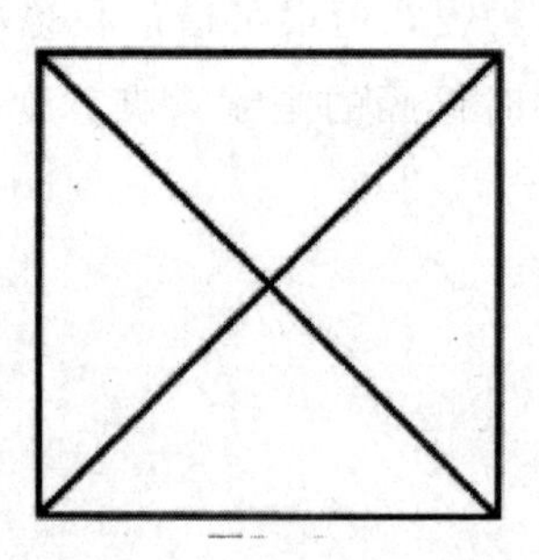

【解答】我首先要告诉你的是，不管你从何处开始画，也不管你先画哪条线，你都不可能做到。

但是，如果把这张图画得复杂一些，你反而能够轻易地一笔将它画出。大家现在就可以试一试，刚刚还无法解决的难题，是不是突然就迎刃而解了呢？

接下来，如果我们在第二幅图的两侧再加两条弧线的话，这个问题便又变得无法解决了——不管从哪里开始都无法一笔将其画出来。

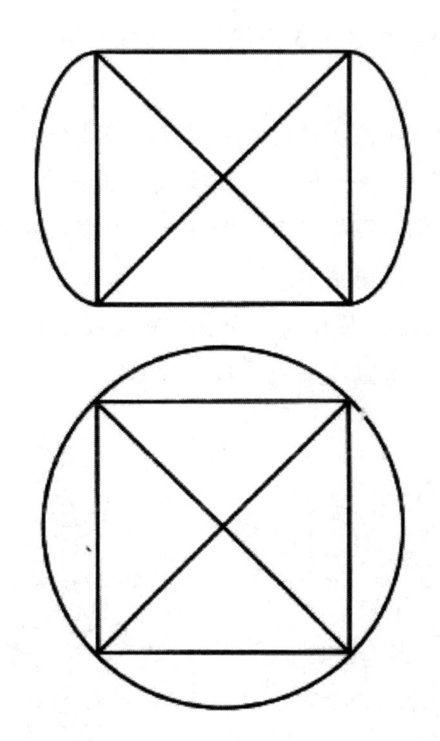

那么，到底为什么会这样呢？怎样在动笔之前就能判断出哪个图形能够一笔画，哪个图形不能呢？

好好观察一下这几幅图，你可能会发现其中的区别。注意到线条的相交点了吗？要是想一笔画出一个图形，那么这个图形中的每一个交点应该具备一些特征：这些交叉点应该同时是一条线的终点和另一条线的起点，也就是说，在画图形的时候，笔会在这些点转折。这意味着每一个交点上相交的线条数目应该是 2、4、6 等偶数。不过第一个点和最后一个点可以例外，这两个点上相交的线条数可以是奇数。

这么一来我们就得出一个规律：一个图形中，如果由奇数条线条相交的顶点不超过两个，其他顶点都有偶数条线条相交，那么这个图形就能够一笔画出来。

现在，我们再来看看刚才的这几幅图。在第一个图中，正方形四个角，每个角都有 3 条线相交，说明这个图形不可能一笔画出来。第二个图形的每个交点都有偶数条线相交，所以可以一笔画出来。第三个图形一共有 5 个交点，其中 4 个交点都是由 5 条线相交而成，所以，这个图形也无法一笔画出来。

知道了这个规律，我们便再也不用把时间浪费在那些无法一笔画出的图形上了。动笔之前好好观察一番，就能准确地判断出它是否能够一笔画出来。

那么，这个规律你掌握好了吗？接下来，就来好好观察下面的左图，判断一下它是否能够一笔画出来吧。

观察之后你就会发现，图中每一个交点相交线条的数目都是偶数，因此，这个图形当然是可以一笔画出来的。右图中标出了绘画顺序的提示。

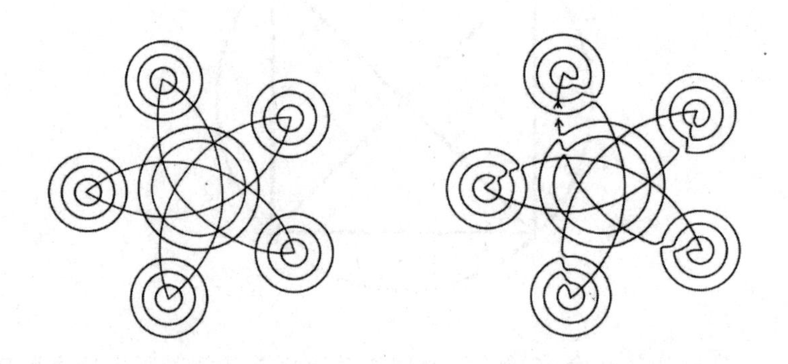

第 7 章　有趣的剪纸

1. 用 5 个图形来拼图

【题目】怎样才能将下列左图和右图中的 5 个图形拼成一个十字图形呢？可以在纸上先画出这几个图形，再将它们剪下来实际拼拼看，然后找出解题的方法。

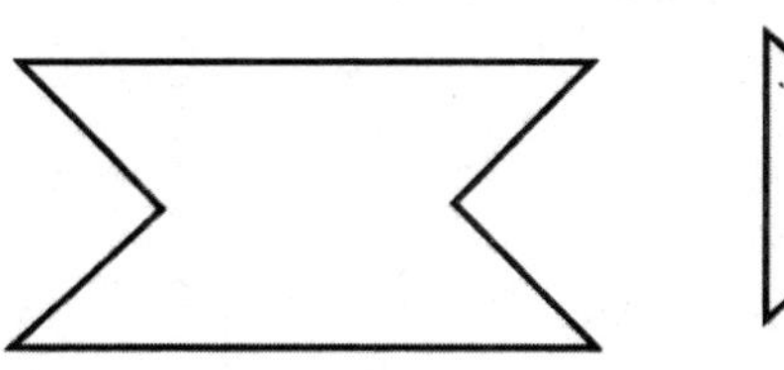
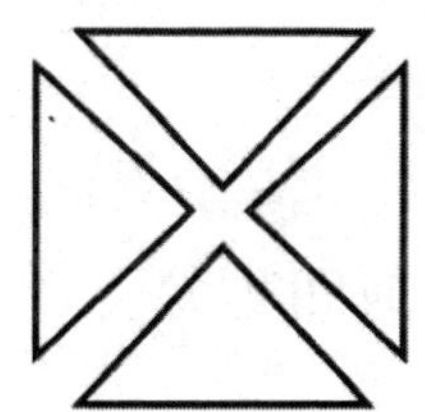

【解答】下图所显示的便是这道题的解决方法，可以看到，上面提到的 5 个图形组合成了一个十字图形。

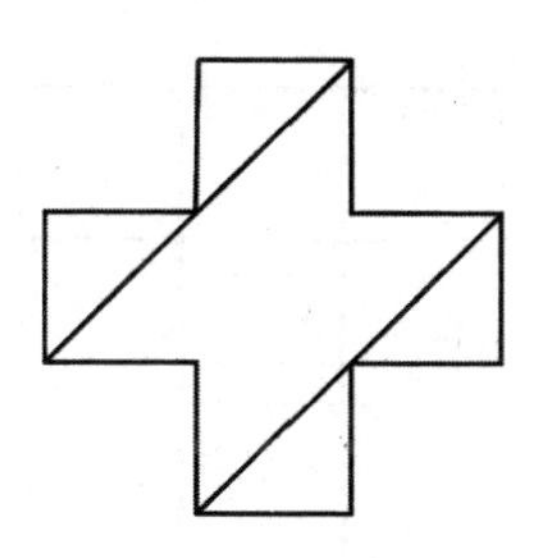

【题目】尝试用下图中的5个图形拼一个正方形出来。

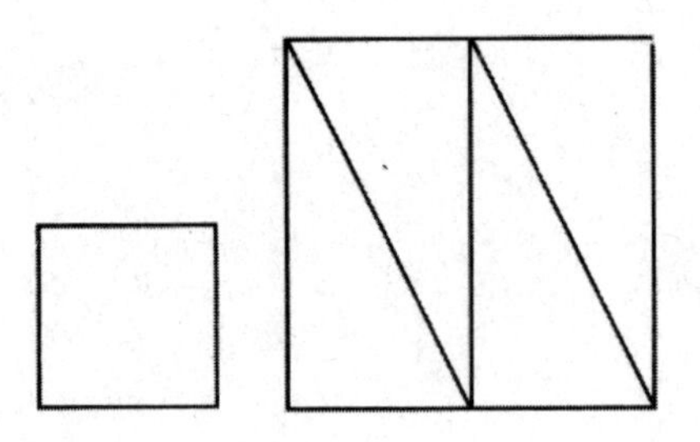

【解答】解决方法如下。

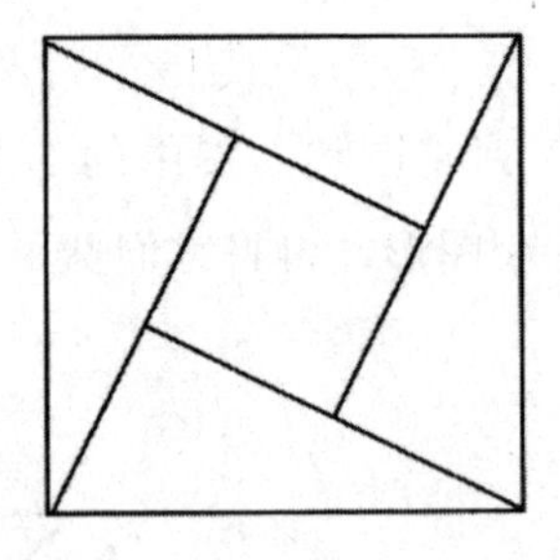

2. 将土地分成四等分

【题目】下图是一块由5个大小相同的正方形组成的土地。如果现在想将其等分为四份，该怎样做呢？还是请大家先在纸上画出这个图形，用剪刀剪下来，然后尝试寻找解决的办法。

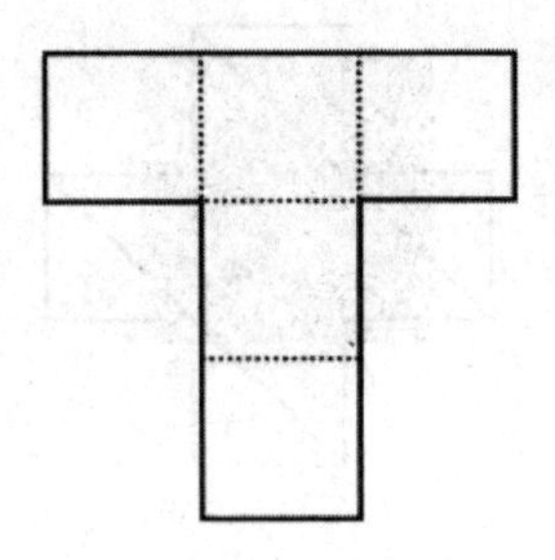

【解答】下图中，虚线标出了正确的划分方法。

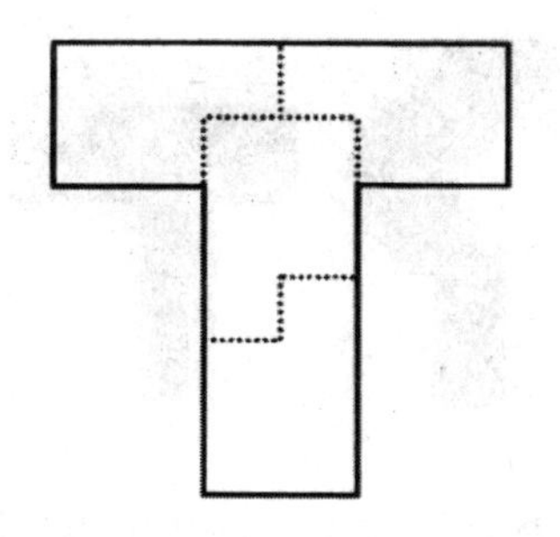

3. 有趣的“七巧板”

【题目】“七巧板”是中国的一种古老游戏[①]，它诞生于几千年之前，甚至比象棋出现得还要早。这个游戏的道具是一个正方形的纸板或木板，人们将它按下图所示的方法，裁成相应的 7 个部分，再用这些小板块去拼组成各种各样的图形。虽然听起来好像很简单，但其实不然。人们常常会这样玩——先将这 7 个板块打乱，然后交给某个人，让他在没有任何参考的情况下将其拼回正方形，很少有人能够一下子拼好。

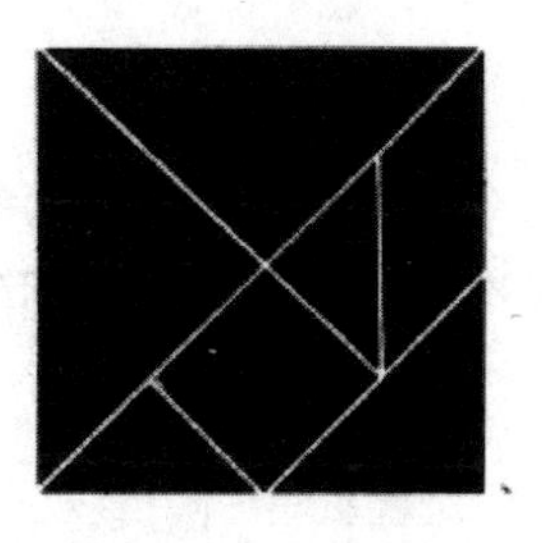

下面我给大家出一道题：用 7 个板块分别拼出一把镰刀和一把锤子。值

① 七巧板在明、清两代在中国民间广泛流传，清代陆以湉《冷庐杂识》（卷一）中写道：“近又有七巧图，其式五，其数七，其变化之式多至千余。体物肖形，随手变幻，盖游戏之具，足以排闷破寂，故世俗皆喜为之。”在 18 世纪，七巧板流传到了国外。当时英国学者李约瑟说它是东方最古老的消遣品之一，至今英国剑桥大学的图书馆里还珍藏着一部《七巧新谱》。

得注意的是，这7个板块必须全部用上，而又不能有所重叠。

【解答】方法如下图所示，大家可以从中清楚地看到拼接的方式。除此之外，只要开动脑筋发挥想象，这7个板块还可以组成各式各样的图形。不管是形态各异的人还是风格迥异的建筑，七巧板都可以拼得出来。

4. 两刀剪出正方形

【题目】请在纸上画一个十字图形，并将其剪下，然后用剪刀剪两次把它剪成4个部分，再把这4个部分拼成一个规则的正方形。

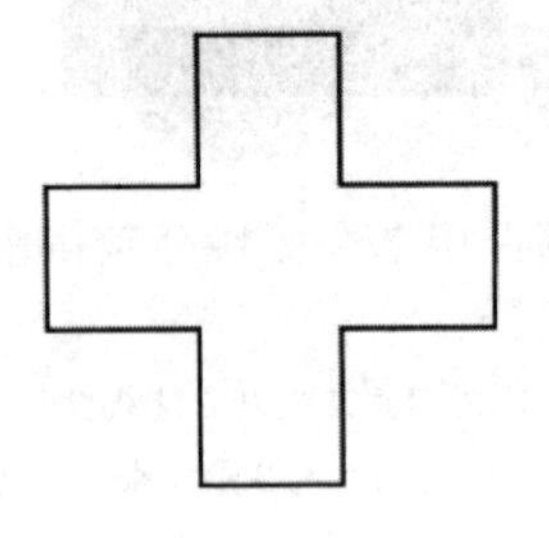

【解答】如下图所示，第一次先将十字图形剪成三部分，第二次将其中

较大的那部分再剪成两块。

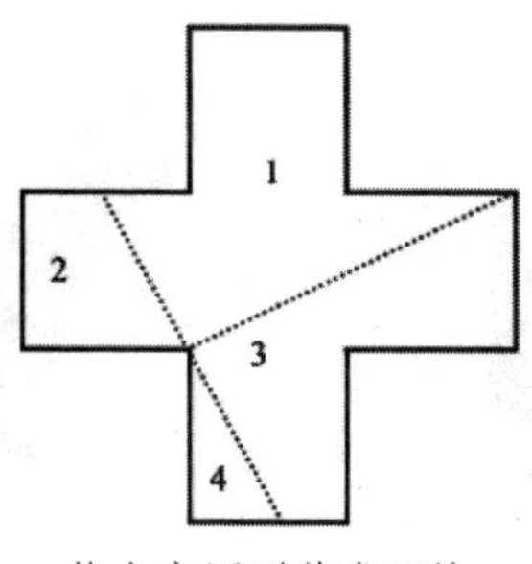

将十字图形剪成四块

接下来，再按照下图中画出的方法，将这四部分拼成一个正方形。

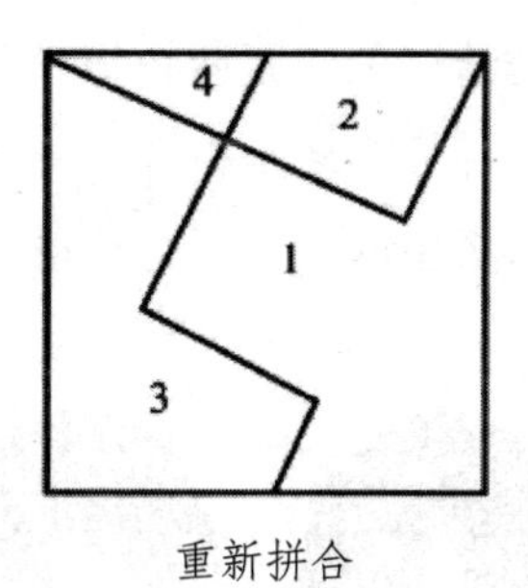

重新拼合

5. 苹果变公鸡

【题目】将下图中苹果形状的卡纸剪成 4 部分，再用这 4 部分拼成一只公鸡的图案，你该怎么做呢？

【解答】用下图所示的方法将卡纸剪成4部分，就可以拼出公鸡了。至于怎么拼，我猜大家都能想得到。

6. 制作圆桌面

【题目】有一个人，送给一位木匠两块很珍贵的木材板，请他将这两块木板做成一块正圆形桌面，并且要求木板要全部用掉，不能留下边角料。大家也能看到，图中的两块木板中间各有一个椭圆形的洞。

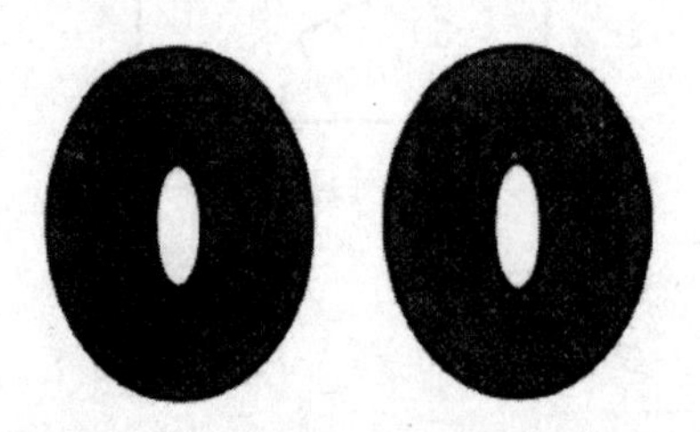

这不是一个简单的要求。这位木匠的手艺非常精湛，但他仍然觉得客人的要求有些苛刻。绞尽脑汁地思考了很久，又反复测量了两块木板的尺寸之后，木匠终于知道怎样来做这块圆形桌面了。大家是否也想到了呢？

【解答】答案如图所示。木匠先将这两块木板分别裁成4个部分，然后用其中4个较小的扇形部分拼成了一个圆形，再将剩下的4个较大部分摆在这个圆形的周围。于是两块椭圆形的环状木板就变成了一块正圆形的桌面。

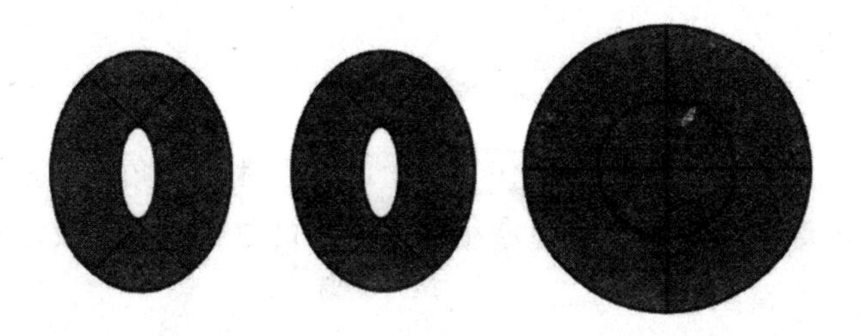

7. 湖上的三座岛屿

【题目】湖上有三座小岛，分别用数字 1、2、3 来表示，湖边上有 A、B、C 三个村庄，如图所示。一艘小船，从村庄 A 出发先后经过小岛 1 和小岛 2，最终目的地为村庄 B。同时，另一艘小船从村庄 C 出发，目的地为小岛 3。两艘小船要怎么走，路线才能够不相交呢？请用虚线画出两艘小船的行进路线。

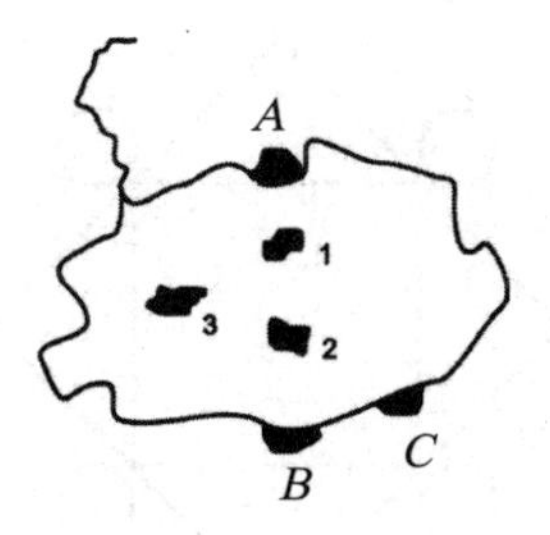

【解答】图中虚线画出的便是两艘小船的行进路线。

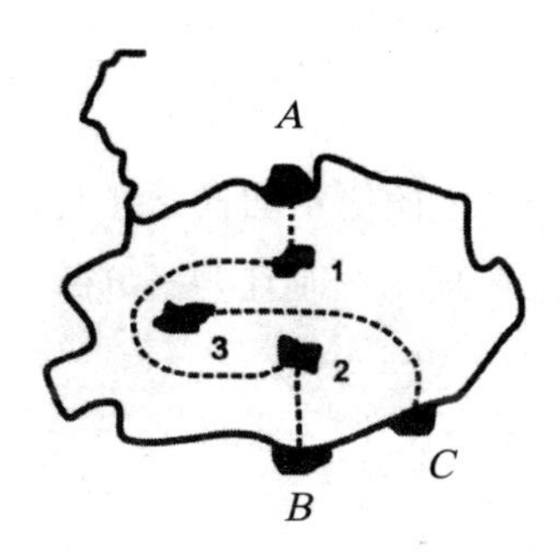

8. 扩建池塘

【题目】图中所画的正方形代表一个池塘，池塘四角的树木用四个圈表示。现在，池塘的主人想要将池塘扩建成原来的 2 倍大，但又不想砍掉周围的树木。这能办得到吗？

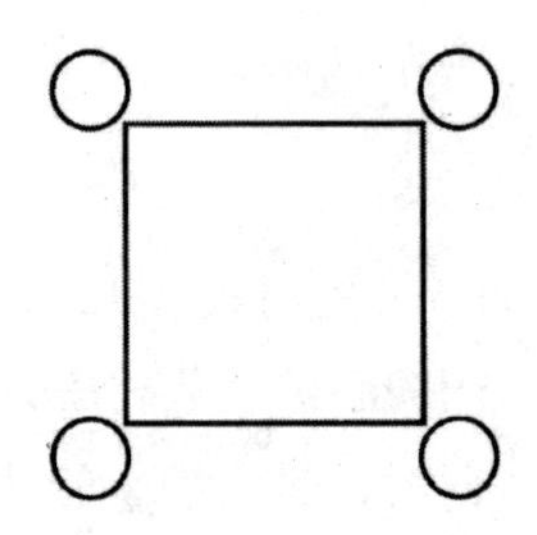

【解答】可以办到，下图就是新修池塘的示意图。

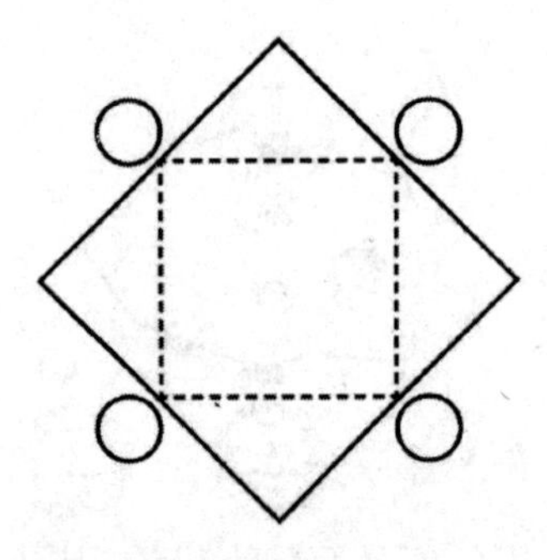

9. 一笔划掉 9 个 0

【题目】先将 9 个 0 按照下图所示的样子排列，然后用 4 条直线将它们全部划掉。这 4 条直线要怎么画呢？而且要一笔解决。

0	0	0
0	0	0
0	0	0

【解答】解决方法如下图所示。

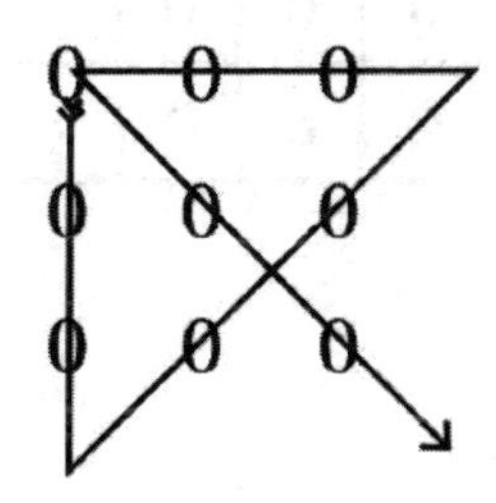

10. 划掉 12 个 0

【题目】下列格子中共有 36 个 0，现在要求将其中的 12 个划掉，使每一行每一列上剩下的 0 的数目一样。要划掉哪些 0 才能达到这个要求呢？

0	0	0	0	0	0
0	0	0	0	0	0
0	0	0	0	0	0
0	0	0	0	0	0
0	0	0	0	0	0
0	0	0	0	0	0

【解答】一共 36 个 0，划掉 12 个的话就还剩下 24 个。这个方格中共有 6 行 6 列，所以划掉之后每行每列上都应该有 4 个 0。于是，解答方法如

下图所示。

	0	0	0	0	
0	0			0	0
0		0		0	0
0			0	0	0
0	0	0	0		
	0	0	0		0

11. 建桥

【题目】内外两个由火柴组成的正方形，里面的正方形代表一座小岛，而它与外围正方形之间的部分则是一圈水渠。现在，需要在水渠上搭建一座小桥，但要求只能用 2 根火柴来完成，应该如何搭建呢？

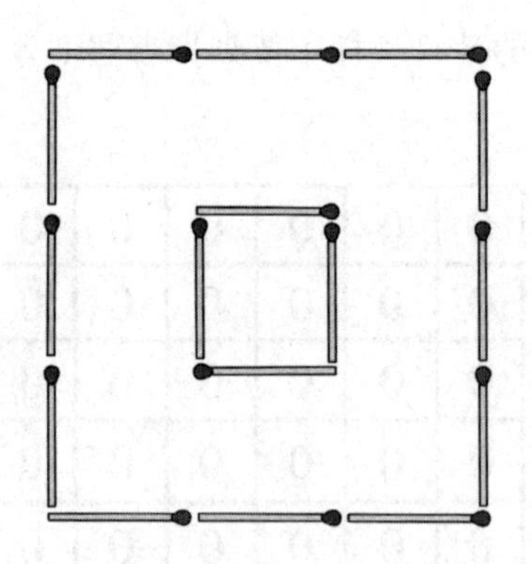

【解答】要想用 2 根火柴搭建这座小桥，首先需要把一根火柴横放在水渠转角处，然后再把它当作一根横梁，把另一根火柴放在上面，使其连接横梁和中间的小岛。如此一来，小桥就搭建好了，如下图所示。

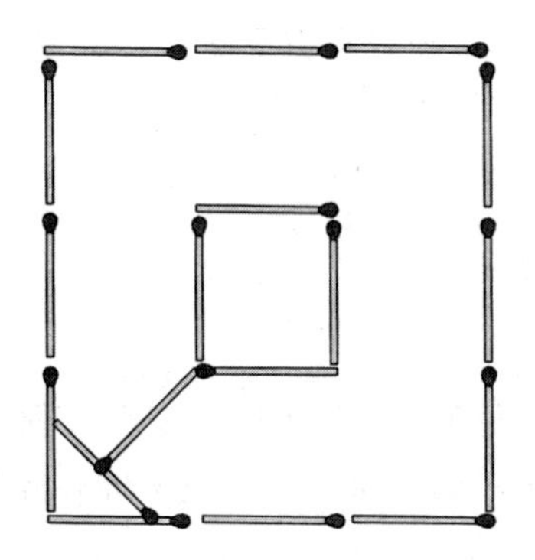

12. 蜘蛛与甲壳虫

【题目】一个盒子中装有一些蜘蛛和甲壳虫，这些虫子的总数为 8。现在已知所有虫子加起来一共有 54 只脚。

请问，这个盒子中的蜘蛛和甲壳虫各有多少只？

【解答】想回答这个问题，首先要知道一些自然常识，比如甲壳虫有多少只脚，蜘蛛又有多少只脚——事实上，甲壳虫有 6 只脚，蜘蛛有 8 只脚。

知道了这些之后，我们再来看刚才的题目，盒子中一共有 8 只虫子，我们假设这 8 只虫子全部都是甲壳虫，那么一共应该有 $6\times8=48$ 只脚，这比题目中所说的少 6 只。于是，我们把其中一只甲壳虫换成蜘蛛，由于蜘蛛要比甲壳虫多 2 只脚，所以盒子中的脚的数目就会变成 50 只。

接下来，我们继续替换，当替换三次之后，我们发现得到的数目已经是 54 只了，与题目中所说的一致。而这时，盒子里的 8 只甲壳虫已经有 3 只被替换成了蜘蛛，只剩下 5 只了。

所以，我们可以得出：盒子中一共有 5 只甲壳虫，3 只蜘蛛。

我们再来检验一下这个结果：5 只甲壳虫一共是 30 只脚，3 只蜘蛛一共是 24 只脚。$30+24=54$，这正是题目中所说到的数字。

当然，还有另一种解题思路。我们可以先假设盒子里全部是蜘蛛，因此一共有 $8\times8=64$ 只脚。这要比题目中所提到的多 10 只。我们试着把蜘蛛换成甲壳虫，每替换掉一只，就会少 2 只脚。五次替换之后，脚的总数就变成了 54 只。也就是说，8 只蜘蛛只留下 3 只，其余 5 只都换成了甲壳虫。

13.7 位朋友

【题目】一个人有 7 位朋友。第 1 位朋友每天晚上都会去他的家中拜访，第 2 位朋友则是每隔 1 天去拜访他一次，第 3 位朋友每隔 2 天去拜访他一次，第 4 位朋友每隔 3 天去拜访他一次……以此类推，第 7 位朋友每隔 6 天去拜访他一次。

请问，这 7 位朋友要经过多久才能够齐聚一堂？他们是不是经常齐聚呢？

【解答】他们能够齐聚一堂所需要的天数必须能够同时整除 1、2、3、4、5、6、7。而所有满足这个条件的数字中，最小的是 420。

所以，这 7 位朋友每过 420 天才能齐聚在一起。

【题目】这 7 位朋友齐聚一堂的那天晚上，主人拿出了珍藏的葡萄酒请大家品尝，所有人都相互碰了杯。

请算算看，这些杯子共相互碰撞了多少次呢？

【解答】每个人都与另外 7 个人（主人和七位朋友）碰了酒杯，如果按照两个人碰一次杯来计算，一共就是碰了 $7\times8=56$ 次。可是这个计算方法会使每次碰杯都被多算一次——比如，第 5 位客人和第 3 位客人碰杯被计 1 次，然后第 3 位客人和第 5 位客人碰杯又会被计 1 次。因此这 8 个人这晚上的碰杯次数实际上应该是 $56\div2=28$ 次。

14. 拼火柴

【题目】这里有一道关于火柴的古老题目，每一个喜欢益智游戏的人都会想要试试。用 6 根火柴拼出 4 个等边三角形。当然，千万别折断这些火柴。

这道题看起来好像无解一样，不过这也正是它有意思的地方。

【解答】许多人都会试图用 6 根火柴在同一平面内摆出一个由 4 个等边三角形组成的图形，但这显然是不可能的，无论怎么尝试都无法做到。可是，只要换一下思路，把这些火柴中的某 2 根交叠在一起，然后再加上其他火柴，使其组成一个锥形图案，问题就解决了。如下图所示，这样就能得到 4 个等边三角形了。

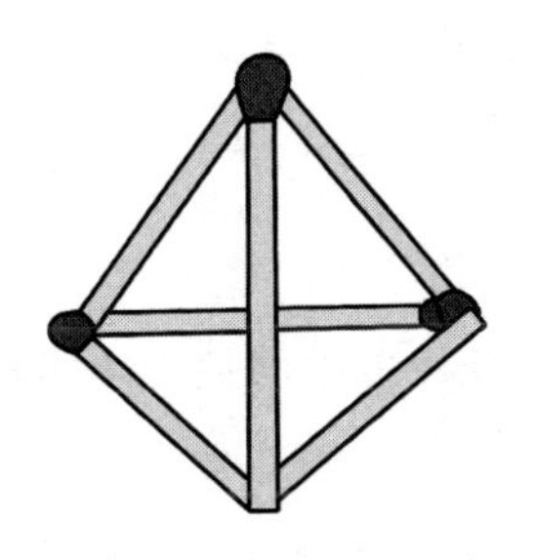

15. 小船过河

【题目】我们需要借助火柴来解释一下这道题目。首先，假设火柴头朝上的火柴代表爸爸，火柴头朝下的火柴代表妈妈，两根半截的火柴代表两个小男孩。接着，我们将火柴摆成两排，中间部分代表一条河，而两排火柴是河的两岸，火柴盒则代表一艘小船。

现在我们来看题目：爸爸妈妈带着两个儿子来到河边，想要摆渡到河对岸，他们发现河边有一艘小船。然而这艘小船太小了，每次只允许一位成年人或者两个孩子乘坐。

最终，他们全部乘船过了河，请问：这是如何做到的呢？

【解答】按照下面的顺序 9 次乘坐小船往返于两岸，就能够将 4 个人全部送到河对岸。

河对岸	回到这边的河岸
（1）两个小男孩	（2）一个小男孩

（3）妈妈　　（4）另一个小男孩

（5）两个小男孩　　（6）一个小男孩

（7）爸爸　　（8）另一个小男孩

（9）两个小男孩

大家可以试着用火柴来展现他们过河的情形，这样看起来会更加直观。

16.3 个人与 1 艘船

【题目】3 位水上运动爱好者共同拥有 1 艘船。他们都希望在各自方便的时间能够随意使用这艘船，但又担心船不上锁停泊在码头时会被人偷走。最后，他们想出了解决的办法。他们用一条铁链将船拴在码头，并在上面挂了三把锁。3 人每个人有一把钥匙，每一把钥匙只能打开或锁上其中的唯一一把锁。巧妙的是，只打开一把锁，就可以打开链子把船开走，而不需要其他两人的帮助。

这到底是怎么回事呢？

【解答】这并不是什么困难的事情，只要像图中所示的那样，将三把锁彼此串在一起就可以了。这样，不管开其中的哪一把锁，都可以解开这条铁链。

17. 书被咬破了多少页

【题目】有一种啃食书本的虫子[①]，它们能将书本一页页地咬穿，为自己打出一条贯穿整本书的“隧道”。有一条这样的书虫，它在两本相邻的书里咬出了一条通道：从第一卷的第一页咬到了第二卷的最后一页，如下图所示。

每一卷书各有 800 页。请问：这条书虫一共咬穿了多少页纸呢？

这不是一道难题，可是，也不像大家一眼看上去的那么简单。

【解答】一般来讲，大家都会觉得这条书虫当然是咬穿了 800 + 800 = 1600 页纸，以及一本书的封面和另一本书的封底。可是，这种想当然的答案并不正确。我们仔细观察并且思考一下：如果两本书靠在一起，第一卷放在左边，第二卷放在右边，那么第一卷的封面其实就紧挨着第二卷的封底。因此，从第一卷的第一页到第二卷的最后一页，中间只不过隔着一个封面和一个封底，除此之外别无其他。

也就是说，这条书虫只是咬坏了一个封面和封底，并没有破坏书的内页。

① 书虫学名衣鱼，又叫蠹，喜欢生活于黑暗、潮湿或密闭场所，以各种食物、糨糊、胶质、书籍、丝绸衣服等为食。

18. 茶具的游戏

【题目】现在假设你的面前有一张盖着桌布的桌子。你可以看到，这块桌布的折痕将桌子分为了6个部分。我们就是要利用这点来做一个小游戏。我们在这些划分出来的格子中放上一些茶具：三个格子放茶杯，一个格子放茶壶，还有一个格子放茶罐，最后一个格子空着。游戏内容是：将茶壶和茶罐调换位置。但当然不是随意地把一个放在另一个的位置上了事。而是要求我们按照一定的规则来移动各个茶具，最后使得茶壶和茶罐调换位置。

规则如下：

（1）茶具只能放在空着的位置上；

（2）不能把一个茶具叠在另一个上面；

（3）每个格子里只能放一个茶具。

大家可以找几个纸片，在上面画下或者写下这三个茶杯、一个茶壶和一个茶罐，并按图中的位置摆好，标上序号。然后就可以开始按照上面提到的规则移动这些纸片了。最终目的就是使茶罐和茶壶的位置对调。这个过程可能会需要很长时间，但只要足够有耐心，便一定能够找到解决的方法。标上序号是为了方便记录成功的解决方法，因为这样能清楚地记录下茶具移动的顺序。比如，将茶壶移到图中的空白位置，就记作“5”，如果再将茶罐移动到空白处，就记作“4”，总之，哪个茶具放到空白处，就记下相应的序号。

【解答】这道题的解决方法其实不止一种，有很多办法使茶壶和茶罐的位置对调。只不过是移动茶具的次数不相同而已，有些方法移动次数多一些，有的则少一些。当然，移动茶具的次数越少越好。经过检验，要达到这个目标，最少需要移动 17 次茶具，少于这个次数是无法成功的。以下便是这 17 次移动的顺序：54351253413523145。

第 8 章　趣味实验

1. 眼睛的盲点[①]

举起下图放到眼前，距离你眼睛只有一个小拇指加一个大拇指，然后闭上左眼，用你的右眼盯着图片左边的十字图形。这时你会惊讶地发现，右边的白色圆圈居然消失了，你看不到它了！

为什么会发生这种奇妙的现象呢？因为我们的眼睛里有一小块区域对光线不太敏感，当物体发出的光线落在这个区域时，我们便无法看到这个物体了。这个区域就被称作“盲点”。

无论是谁，也不论是哪一只眼睛，都存在着这样一个“盲点”。

① 盲点是眼球后部视网膜上，视神经进入眼球处的一个凹陷点。此处无视觉细胞，因此无感光能力。物体的影像落在此点上不能引起视觉。

2. 一根木棍

用两只手的手背平抬起一根木棍，让木棍的两端位于两根食指上。

然后，试着让两根食指慢慢向中间靠近，直到彼此并在一起。你会发现，木棍最终会稳稳当当地躺在这两根靠在一起的食指之上。有一位科学家曾经就此实验得出过一个结论：这个时候的木棍处于重心所在的位置。与此同时，我们还会发现一件事：两根食指向中间靠拢的过程与我们想象的不大一样——它们无法做到同时移动，也就是说，总会有一只手指先移动，另一只手指后移动，比如：先是左手食指，然后是右手食指，接着再是左手食指……

而且，不管在实验开始时我们的食指处于木棍的哪个位置，最终都会到达相同的位置。不管你怎样努力，这个结果都不会改变。

3. 浮在水面上的大头针

有没有可能使一根大头针浮在水面之上而不沉下去呢？不用说，大多数人都会认为这是根本不可能做到的事。但如果找到了正确的方法，这种情况就可以成为现实。那么，该怎么做呢？首先，将一张卷烟纸放在水面上，然后在纸上放一根大头针。这个时候，大头针和卷烟纸当然都能浮在水面上。接下来就是关键的一步了，要用另一根大头针把那张卷烟纸沿着纸边一点一点地压进水中——注意，一定要有耐心，动作务必要轻柔。最终，整张卷烟纸都沉入了水中，但大头针却留在了水面上——只要你的动作足够小心。

大头针之所以会浮在水面上，是因为水的表面有一定张力，使水面形成一层弹性薄膜。而大头针的重量比水面的张力小，按照上面的方法大头针就可以浮在水面上。如果直接将大头针丢进水里，水面的张力薄膜就会被破坏，大头针就沉下去了。

4. 指尖上的硬币

取一张火车票大小的硬纸片，将它放在手指尖上，再在纸片上面放一枚硬币——旧版 2 戈比硬币或者新版 5 戈比硬币都可以。问题来了：如果现在拿走硬纸片，硬币还能留在指尖上吗？

这看似不太可能做到。但还是请大家实际操作一下：使劲弹一下硬纸片的边缘。然后你就会发现，硬纸片已经被弹飞了出去，而硬币却还是好好地停在你的指尖上。

如果第一次没有成功，再试两三次就好了。

5. 坚固的火柴盒

空的火柴盒也可以拿来变魔术。把火柴盒的两部分垂直叠放在一起。

然后请一位同学对着它们狠狠地打上一拳。接下来会出现什么情况呢？

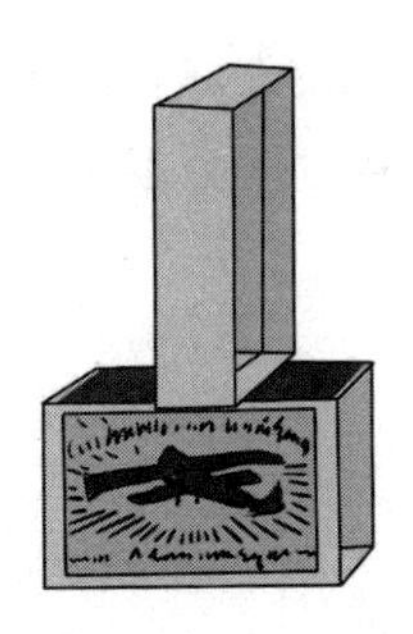

你也许会说：当然是火柴盒被打散架了。但这只是因为你没有这样做过罢了，现实情况与你想象的完全不一样。火柴盒的确被打得飞了出去，可是当你拾起它们的时候却发现，不管哪个部分都是完好无损的。这是因为火柴盒具有一定的弹性，也许有时候会发生一些弯曲，但是并不会破碎。

6. 手脚画圈

刚刚看到这道题的时候，你也许会觉得非常简单：请用右手和右脚朝着不同的方向画圈。

可是试过之后你会发现，自己的手脚有点不太听话。

7. 左右手动作各异

现在要求你用左手轻拍自己的左胸，同时用右手上下抚摸自己的右胸。你是不是发现，事情比你想象中的难办多了？这个任务需要多加练习才能够完成。

8. 无法分开的手指

你将左右手的两根食指对顶在一起，然后请一位同学拖拽你的胳膊肘，使这两根手指分开。这看起来很简单不是吗？没错，但只是“看起来”而已。因为你会发现，就算你的同学力气比你大，也无法分开你的两根手指。你只要稍微用一点力，就能抵抗住他全身的力气。

9.1 根火柴挑起 11 根火柴

将 12 根火柴拼成下面左图所示的样子，然后用手捏住最下面的那根火柴的根部，一下将所有的火柴挑起来，如下面右图所示。如果你足够灵巧，做到这一点就没什么问题，到时候你就会发现，只要用对了方法，用 1 根火柴挑起 11 根火柴并不是什么困难的事情。

这个实验可能不会一次就成功，但没关系，耐下心来多试几次就一定能做得到。

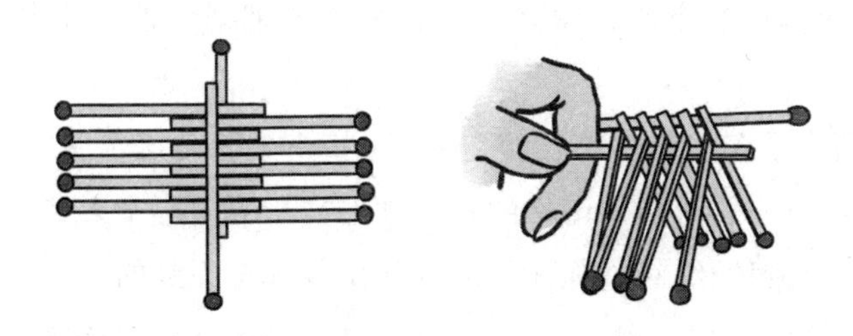

10. 不容易做到

大家觉得要用两根火柴夹住另一根火柴的末端将它提起来这种事，容易做到吗?

看起来并不困难，对吗？可是，实际操作一下就会发现，这件事非常需要技巧，而且特别考验耐心。因为你的双手稍微用一点力，被夹住的那根火柴就会开始翻跟头。

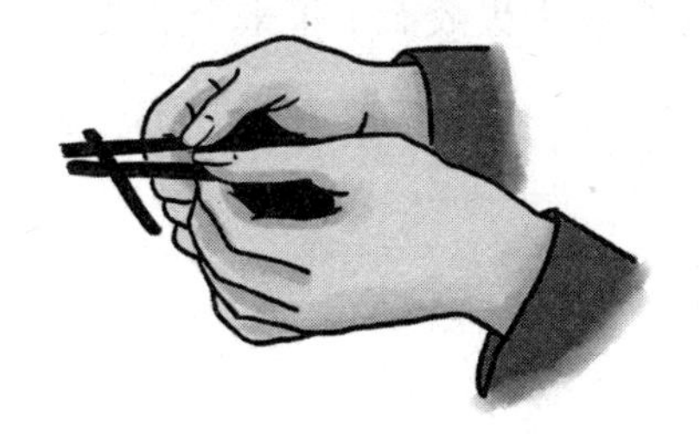

11. 奇妙的绳结魔术

这是一个很有趣的魔术，如果你学会了它，一定能让你的伙伴们大吃一惊。

首先，找一根30厘米长的绳子，将它打一个宽松的活结。之后，在这个活结上再打一个活结。看到这里，许多人可能都会想到，这时将绳子拉紧，这两个活结就会变成一个结实的死结。但是，先别急！我们还需要把这个绳结变得更复杂些：最后一步，我们要把绳子的一端从这两个活结中穿过去。

这样，所有准备工作就都已经完成了，接下来就是这个魔术的重头戏了。现在，你拿着绳子的一端，请你的伙伴拿着另一端，两个人轻轻地拉一拉绳子。会发生什么呢？绝对是你和你的伙伴做梦都想不到的一幕：绳子上什么都没有了，别说纠结在一起的绳结，就算是原先的活结也都消失不见了——你们两个人手中只剩下了一根绳子。

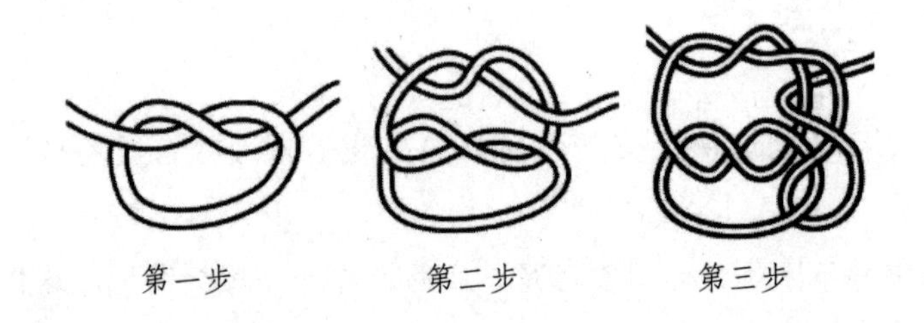

第一步　　第二步　　第三步

要想保证这个魔术演出成功，请大家务必严格按照图中所画的那样来打结，只有在这种打结方式下，绳子上的活结才会在被轻轻拉拽的时候自动解开。如果大家不希望因为魔术失败而下不来台的话，就好好看看图形，事先多试几次吧！

12. 解脱绳索

如图所示，在A、B两位同学的手腕关节处绑上两根绳子，并让两根绳子交叉起来，使被绑的两个人无法分开。看似分不开，其实只要略施一点手段，不用剪断绳子就能将两个人分开。那么，到底应该怎样做呢？

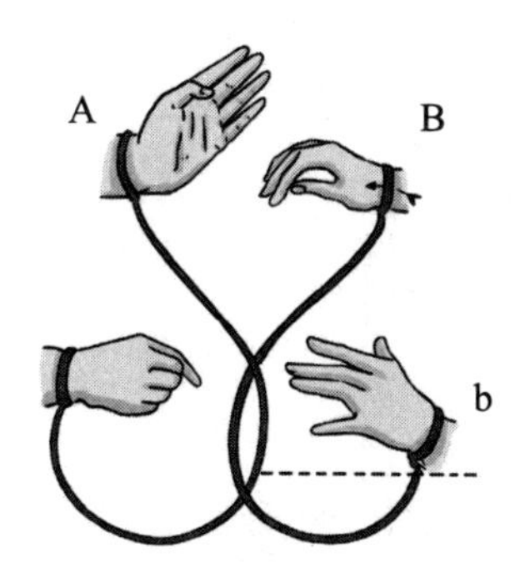

下面我就来讲给大家听。还是看图，我们在同学手腕绑着的绳子上选取一点，用手拿着这个点，按照图中所画的箭头方向，将这一点穿过同学手腕上的绳套。当同学手上的绳子差不多全穿过这个绳套的时候，将同学的右手从刚刚形成的新绳套中穿过去，再拉动手上的绳子。这时大家都会惊讶地发现，两个同学手上的绳子已经分开了。

13. 挂靴子

用剪刀在一张厚纸片上剪出一个纸框、一双靴子和一个椭圆形纸环，形状和大小都参考图中所画的样子。椭圆形纸环里面的窟窿大小要和纸框框边的宽度一致，但比靴筒略窄。

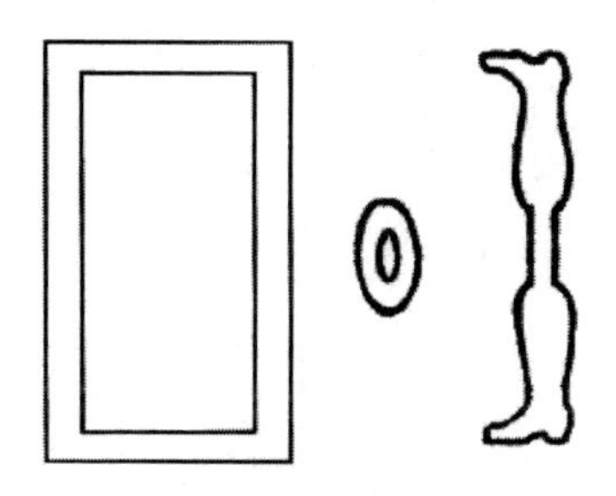

如果你已做好准备工作了，就按照下图所示的方式，将靴子挂在纸框上，是不是觉得不可思议？

但是这真的可以做到。大家开动脑筋认真思考就一定能想出解决的办法。那么，正确的方法究竟是怎样的呢？

要想解开这个魔术的秘密，需要这样按照下图所示操作：首先，将纸框按照图中所示的方法对折，使 A、B 两个部分完全重叠在一起；接下来，在重合在一起的 a、b 两端上穿入椭圆形纸环；然后再把靴子穿进重叠着的 a、b 之间的缝隙，穿好之后，将靴子对折下来，移动到纸框的折痕处；最后，只要把椭圆形纸环移动一下，套在靴子的对折处就大功告成了。

现在，将纸框展开，是不是与下图所画的景象一模一样呢？

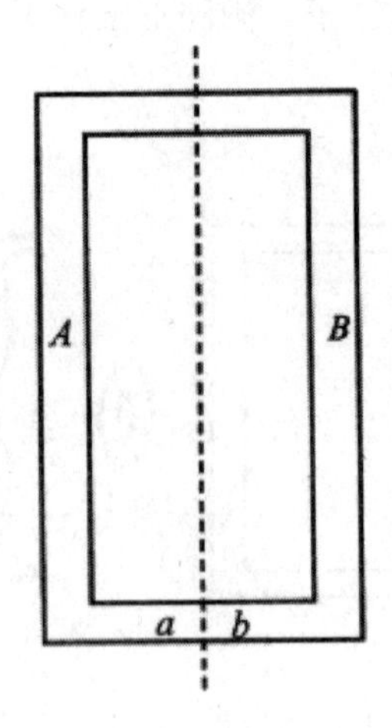

14. 纸环挂木塞

如图所示，两个软木塞被一根短绳挂在一个厚纸环上，短绳上又套着一个金属环。现在要将这两个木塞取下来，能做得到吗？因为有了上一题做铺垫，这个问题也就轻而易举解决了。

解决问题的原理同上一道题相同：如下图所示，先将纸环折叠起来，然后将金属环移动到上端取下来，之后就可以不费吹灰之力地取下软木塞了。

15. 两颗纽扣

如图所示，在一张厚纸片上面剪出两个刀口，再在这两个刀口下方剪出一个圆形的孔洞 a，且孔洞的直径要比上面两个刀口之间的距离稍微宽一点。

接下来，用一根绳子先穿过两个刀口，再把两端穿进 *a* 孔。最后，在绳子两端各绑上一枚纽扣，纽扣要比 *a* 孔大一些，使其无法从 *a* 孔穿过。那么，你能将纽扣和绳子一同从纸片上取下来吗？

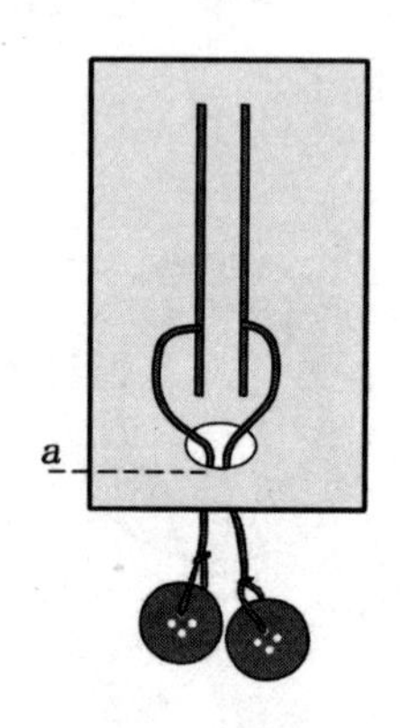

其实这并不困难。只要先把纸片上下对折起来，使两个刀口之间狭窄的纸条两端对齐，然后将这折起来的纸条穿进 *a* 孔，同时将纽扣穿过纸条卷起的活口之中；最后只要将纸片展开，就会发现，纸片和纽扣已经分开了。

16. 活纸夹

如图所示，从记事本上撕下两张长方形纸 *A* 和 *B*——长 7 厘米，宽 5 厘米。接着，我们要准备 3 条比长方形纸片的宽度多 1 厘米的纸带。按照图中所画的位置，将纸带粘在纸片 *A*、*B* 上：纸带的 *a*、*b*、*c* 端向纸片后方折叠，然后分别粘在纸片 *A*、*B* 的背面，而 *d*、*e*、*f* 三处则粘在纸片的正面。现在，准备工作就全部做完了，纸夹也就做好了。

我们接下来就要用它表演一个令人惊叹的魔术了，魔术的名字就叫“活纸夹”。首先，随便找一张小纸条，为了表示你没有偷换纸条，最好请你的同学在上面签下他的名字。接着，你把纸条夹在 *A* 纸片的两条纸带下面，然后将纸夹合住，马上再次打开——猜猜看，发生了什么事？小纸条已经不在两条纸带下面了，它偷偷钻进 *B* 纸片的那条纸带下面了！

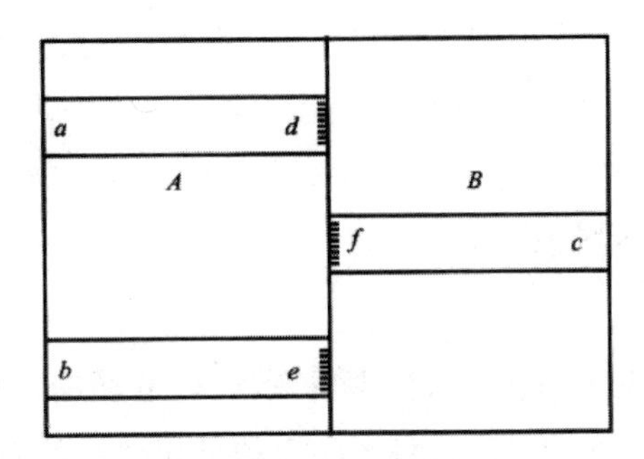

其实秘密很简单，当你合起纸夹再打开的时候，实际上是从相反的方向打开的。虽然说起来简单明了，但观众们可不知道其中的玄机，他们一定会被你精彩的魔术表演所折服。

17. 吸附在手上的直尺

如图所示，左手拿起一根直尺，用右手握住左手手腕。接着张开左手，同时用右手食指将直尺牢牢按在左手的手心上。

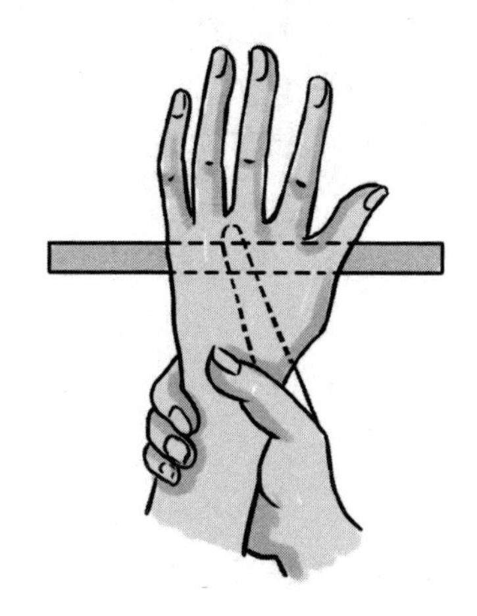

如果多加练习，将这一过程熟练灵活地呈现于别人面前，他们就会产生

一种错觉，认为这把尺子是被一种超自然力量控制吸附在了手上。虽然原理很简单，却不是每个人都能一下子想到尺子仅仅是被一根手指按住了而已。

18.10 块糖与 3 个茶杯

桌子上有 3 个茶杯，然后从糖罐里取出来 10 块糖。现在，要求将这 10 块糖分别放进这 3 个茶杯中，使每个碗里的糖块数量都为奇数。

你是不是想，这怎么可能办得到？因为没有这样 3 个加起来结果为 10 的奇数。动动脑筋，这道题是有解决方法的：往第一个茶杯里放入 5 块糖，第二个茶杯里放入 3 块糖——这也是奇数，然后将剩下的 2 块糖放进第三个茶杯中。最后，将第二个茶杯叠放在第三个茶杯中，这样一来，原本只有 2 块糖的第三个茶杯中又加入了第二个茶杯中的 3 块糖，就变成了 5 块糖——于是，每个茶杯中的糖块数量也就都成了奇数。

19.1 本书和 1 张纸

可以看到下图中有 1 本书和 1 张纸。如果要求大家用这张薄薄的纸支撑起这本厚重的书，使书本离桌面的高度达到几厘米，应该怎么办呢？

方法很简单，只要将这张纸剪成 4 部分，然后将各部分分别卷成厚实的纸卷，再把书平放在这四根支柱之上就好了。现在，书本就躺在桌子上方几厘米高的地方，支撑它的正是那张纸——已经满足题目里的所有要求。

20. 小矮人和巨人

现在，你要为你的同学们表演一位小矮人——这位小矮人会与他们说话交流，会向他们挥手致意，甚至还会迈步走路！这个表演让同学们目瞪口呆、惊叹不已，他们无论如何都猜不出你是如何做到的。

那么，这个魔术的秘密究竟何在呢？其实，这位小矮人是由 2 个人组装而成的——小矮人的头是你的头；小矮人的双脚是你的双手，只是套了一双靴子而已；而小矮人的手则是位于你身后的助手的手，但衣服将他隐藏了起来。

使用这种方法不仅可以表演小矮人，也可以表演出一位巨人。

趣味小知识：

一种源于北京的曲艺——双簧，也是相似的表演方法，一名演员在前面表演动作，藏在后面的演员或说或唱，两人互相配合，好像前面的演员在自演自唱一样。“双簧”作为一种节目，出现于清朝末年，据说是由慈禧太后命名的。

第 9 章　有趣的数字

1. 简单的乘法

如果你记不清乘法口诀表，而有时又需要用到与 9 相关的乘法的话，你自己的手指可是能帮上大忙的。把双手放在桌子上——你的十根手指就是计算器。现在，我们为它们标上序号，从左手小指到右手小指，依次是第 1 到第 10 根手指。假设我们需要计算 4×9，那么第 4 根手指（也就是左手的食指）就能告诉你答案：它的左边有 3 根手指，右边有 6 根，结合起来就是 36，所以，4×9 = 36。

再试一次。7×9 等于多少呢？

第 7 根手指（也就是右手的食指）左边有 6 根手指，右边则有 3 根手指，所以答案就是 63。

9×9 =？第 9 根手指（右手无名指）左边有 8 根手指，右边有 1 根手指，因此 9×9 = 81。

怎么样，这个随身携带的计算器是不是很有用呢？它可以帮助大家牢记关于 9 的乘法口诀，大家以后再也不用为 6×9 到底等于 54 还是 56 而犹豫不决了。因为第 6 根手指（右手拇指）左边有 5 根手指，右边有 4 根手指，所以很显然，答案是 54。

需要说明的是，这里标出的手指序号只是为了便于大家理解，实际使用中大家完全可以按照自己习惯的方式来标号。

2. 这是哪一年

【题目】在 20 世纪中有一个特殊的年份：将这个年份的阿拉伯数字垂直翻转，再按倒序读出的话，会发现没有发生任何变化。你知道这是哪一年吗？

【解答】20 世纪符合这个条件的年份是 1961 年。

【题目】19 世纪也有一个特殊的年份：让这个年份的数字照镜子时，镜中出现的数字是原本年份的 4.5 倍，这又是哪一年呢？

【解答】在镜子里还可以正常显示的数字只有 0、1、8。这意味着我们要求的这一年中只能包含这三个数字。而我们知道，这一年是在 19 世纪中，所以前两位数字一定是 18。现在我们就可以用排除法得知这到底是哪一年了——1818 年。1818 在镜子中就是 8181，而 8181 正是 1818 的 4.5 倍：$1818\times4.5=8181$。

这道题只有这一个答案。

3. 应该是哪些数字

【题目】有哪两个整数相乘等于 7？

要注意，这里说的两个数字是整数，虽然 $3\frac{1}{2}\times2$ 或者 $2\frac{1}{3}\times3$ 都等于 7，但那都不是整数，所以不是正确答案。

【解答】答案其实很简单，就是 1 和 7。这也是唯一的答案。

【题目】哪两个数，它们相加的和大于它们相乘的积呢？

【解答】这个题的正确答案有很多，比如：

$$3\text{和}1——3\times1=3,\ 3+1=4;$$

$$10\text{和}1——10\times1=10,\ 10+1=11。$$

可以看出来，所有符合这个条件的两个整数中，必然有一个是 1。

因为任何一个整数加 1 时都会变大，而乘 1 时结果却还是它本身。

【题目】哪两个数它们相乘和相加得到的结果是一样的？

【解答】只有两个整数都是 2 时可以满足这一条件，这也是唯一的答案。

【题目】有三个整数，它们相加和相乘所得的结果是一样的，你知道这是哪三个数字吗？

【解答】这三个整数是 1、2、3，它们相加和相乘所得的结果相等：

$$1 + 2 + 3 = 6$$

$$1 \times 2 \times 3 = 6$$

【题目】是否存在这样两个整数：用其中较大的数字除以较小的数字，所得的结果与它们相乘的结果一样？

【解答】这两个数字就是 1 和 2：

$$2 \div 1 = 2$$

$$2 \times 1 = 2$$

4. 5 个星期五

【题目】一个月中不可能有 7 个星期五。可我要问的是：2 月这个最短的月份里可不可能出现 5 个星期五呢？

【解答】这种情况可能会出现在闰年的 2 月中，因为闰年的 2 月有 29 天。因此，如果 2 月 1 日是第 1 个星期五，那么：

2 月 8 日就是第 2 个星期五；

2 月 15 日是第 3 个星期五；

2 月 22 日是第 4 个星期五；

2 月 29 日是第 5 个星期五。

这么看来，虽然2月很短，但还是有可能出现5个星期五的。

5. 怎样得到20

【题目】大家可以看到下面三组数：

111

777

999

现在，我们需要去掉其中的6个数字，使剩下的数字相加为20。

这真的能做到吗？

【解答】只要按照下面的做法就能够得到20了（“0”代表划掉的数字）：

011

000

009

看出来了吗——11 + 9 = 20。

6. 数字11的游戏

【题目】要玩这个游戏需要两个人。首先，在桌面放上11颗坚果（瓜子、火柴等也都可以）。一个人从中拿起1、2或者3颗坚果——可以根据个人意愿选择，但最多不超过3颗；拿完之后，轮到另一个人拿坚果，也是最多不超过3颗。然后再换第一个人拿，如此交替。最后一颗坚果留给谁，谁就输了。

如果想要保证在游戏中获胜，应该怎样做呢？

【解答】如果由你来开局的话，你应该拿起2颗。于是桌上就还剩9颗坚果。然后，不管另一个人拿走多少颗，你都要保证使桌上剩下5颗坚果——这很容易做到。接下来就简单了，剩下的这5颗坚果，不管你的对手从中拿走多少颗，你都可以只给他剩下 1 颗——这样你就赢了。

7. 数字 1 到 7 的运算

【题目】写出下列数字 1、2、3、4、5、6、7。

然后用加号与减号将这 7 个数字连在一起，使其得出结果 40，这很容易：

$$12 + 34 - 5 + 6 - 7 = 40$$

以上面这道题为例，我们来尝试别的组合方式，这次要让算式的结果为 55，而不是 40。

【解答】这道题的答案不止一个，事实上，一共有 3 个：

$$123 + 4 - 5 - 67 = 55$$

$$1 - 2 - 3 - 4 + 56 + 7 = 55$$

$$12 - 3 + 45 - 6 + 7 = 55$$

8. 几个“几”

【题目】请用 5 个 1 得到 1 个 100。

【解答】这个很容易做到：$111 - 11 = 100$

【题目】你能用 5 个 5 得到 1 个 100 吗？

【解答】$5 \times 5 \times 5 - 5 \times 5 = 125 - 25 = 100$

【题目】尝试用 5 个 3 得到 100。

【解答】$33 \times 3 + \frac{3}{3} = 100$

【题目】请用 5 个 2 得到 28。

【解答】$22+2+2+2=28$

【题目】这个题没有那么简单了，要求用 4 个 2 得到 111，你知道该怎么做吗？

【解答】$\frac{222}{2}=111$

要用 4 个 3 得到 12，这再简单不过了：$12=3+3+3+3$。

依照这种方法，用 4 个 3 得到 15 和 18，难度就提升了一些：

$$15=3+3+3\times3$$

$$18=3\times3+3\times3$$

接下来，需要大家继续照这个方法，用 4 个 3 得到一个 5，这是不是就有些困难了呢：

$$5=\frac{3+3}{3}+3$$

【题目】下面，我希望大家试着用 4 个 3 分别以不同的算式得到以下一组数字：1 到 10（关于数字 5 的算法我们已经讲过计算方法了，所以就不用再算了）。

【解答】

$$1=\frac{33}{33}$$

$$2=\frac{3}{3}+\frac{3}{3}$$

$$3=\frac{3+3+3}{3}$$

$$4=\frac{3\times3+3}{3}$$

$$6=(3+3)\times\frac{3}{3}$$

$$7=3+3+\frac{3}{3}$$

$$8=3\times3-\frac{3}{3}$$

$$9=3\times3+3-3$$

$$10=3\times3+\frac{3}{3}$$

以上的解答中，每一个数字都只写出了一种方法，但实际上，解答方法并不只有这一种，大家可以再好好想想。比如说，想得到数字 8 也可以这样算：$8=\frac{33}{3}-3$。

【题目】如果你做完了上面的题并对这种游戏方式很感兴趣的话，可以试着做一做下面这道题：请用 4 个 4 得到数字 1 到 10。相比起刚才用 4 个 3 得到这些数字，这个题要更难一些。

【解答】

$$1=\frac{44}{44}\text{或}\frac{4+4}{4+4}\text{或}\frac{4\times4}{4\times4}$$

$$2=\frac{4}{4}+\frac{4}{4}\text{或}\frac{4\times4}{4+4}$$

$$3=\frac{4+4+4}{4}\text{或}\frac{4\times4-4}{4}$$

$$4=4+4\times(4-4)$$

$$5=\frac{4\times4+4}{4}$$

$$6=\frac{4+4}{4}+4$$

$$7=4+4-\frac{4}{4}\text{或}\frac{44}{4}-4$$

$$8=4+4+4-4\text{或}4\times4-4-4$$

$$9=4+4+\frac{4}{4}$$

$$10=\frac{44-4}{4}$$